Elemente
der
Geometrie der Lage

für den Schulunterricht bearbeitet

von

Rudolf Böger

Zweite Auflage

Mit 38 Figuren

Leipzig
G. J. Göschen'sche Verlagshandlung
1910

Druck von E. Haberland, Leipzig-R.

Vorwort zur ersten Auflage.

In dem mathematischen Unterricht der obern Klassen tritt die Geometrie hinter der Arithmetik zurück. Trotzdem dies Überwiegen des Rechnens ziemlich allgemein als Übelstand empfunden wird, ist es bisher doch nicht gelungen, den geometrischen Lehrstoff der Schule in befriedigender Weise zu ergänzen, wohl deshalb nicht, weil fast alle Versuche sich auf die Hinzufügung einzelner Kapitel aus der Planimetrie beschränken. Im folgenden ist nun der Versuch gemacht, die Elemente der Geometrie der Lage für den Schulunterricht zu verwerten.

Die Grundlage der Geometrie der Lage ist so einfach, die Beziehung aller ihrer Folgerungen zu wenigen grundlegenden Sätzen so klar und durchsichtig, ihr Aufbau so ungekünstelt, ihr Beweisverfahren so lückenlos und einheitlich, ihre Methode so fruchtbar, daß sie als mathematisches Bildungsmittel für die Schule der Planimetrie weit überlegen ist. Da alle Sätze gleich in der allgemeinsten Form gewonnen werden, so ist in der Geometrie der Lage das Lösen von Aufgaben eine wesentlich andere Tätigkeit als in der Planimetrie; es kommt darauf hinaus, die allgemeinen Gesetze auf besondere Fälle anzuwenden, eine Arbeit, die zwar nicht immer mühelos ist, die aber nie die Anwendung eines schwer zu findenden Kunstgriffes verlangt und daher von jedem Schüler, der sich die allgemeinen Methoden zu eigen gemacht hat, geleistet werden kann. Dies Fortschreiten vom Allgemeinen zum Besondern gibt der Geometrie der Lage ihren pädagogischen Wert und sichert ihr einen Platz im Schulunterricht.

Seit einer Reihe von Jahren habe ich in der Prima an geeigneten Stellen von den Betrachtungsweisen der Geometrie der Lage Gebrauch gemacht, anfangs zögernd, dann, durch den Erfolg sicher gemacht, in immer weiterm Umfange. Danach hat sich für mich die folgende Behandlung der Kegelschnitte ergeben. — Zuerst werden die den Schülern neuen Kegelschnitte als geometrische Örter aufgefaßt und nur die Hauptsätze mit den den Schülern vertrauten planimetrischen Hilfsmitteln bewiesen, d. h. im wesentlichen wird nur die Aufgabe gelöst und verwertet: Von einem Punkt an die Parabel (Ellipse, Hyperbel) die Tangenten zu ziehen. Dann werden die Schnittlinien eines Kegels und einer Ebene nach den Methoden der Darstellenden Geometrie gezeichnet und die dabei sich von selbst ergebenden Gleichungen aufgestellt. Wenn so den Schülern die Kegelschnitte in ihren Haupteigenschaften vertraut geworden sind, kommt der Inhalt des folgenden Leitfadens.

Da nur die Kenntnis der einfachsten stereometrischen Sätze vorausgesetzt wird, so würden sich, wie ich glaube, auch in einem Gymnasium „einige Grundlehren von den Kegelschnitten", wie es in den preußischen Lehrplänen heißt, rein-geometrisch behandeln lassen. In der Obersekunda könnte „einiges über die harmonischen Punkte und Strahlen" (§ 1) vorausgenommen und in der Prima, wenn nötig, die Durchnahme des Leitfadens auf die §§ 2 und 3 und die ihnen entsprechenden Aufgaben aus § 5 beschränkt werden. — In einem Realgymnasium (auf das allein sich meine Erfahrungen erstrecken) und in einer Oberrealschule wird ein Teil der für „die wichtigsten Sätze über die Kegelschnitte in elementarer synthetischer Darstellung" aufgewandten Zeit wiedergewonnen bei der analytisch-geometrischen Behandlung, da diese dem Schüler nur noch eine neue Form, aber keinen neuen Inhalt mehr bietet.

Die Brauchbarkeit dieses Leitfadens, der als zweite Ausgabe meiner 1897 erschienenen Programmabhandlung „Die Geometrie der Lage in der Schule" anzusehen ist, habe ich dadurch zu erhöhen geglaubt, daß ich am Eingang jeder Nummer auf die entsprechende Stelle meines Lehrbuches „Ebene Geometrie der Lage" verwiesen habe.

Vorwort zur zweiten Auflage.

Die zweite Auflage ist im wesentlichen ein unveränderter Abdruck der ersten. Nur der letzte Paragraph, Ortsaufgaben, ist gänzlich umgeändert. Er enthält jetzt die Aufgaben, die in diesem Winter von meinen Schülern für die erste Reinschrift in der Oberprima gebildet wurden.

Trotzdem dieser Leitfaden jetzt als Kapitel III in meinem Lehrbuch: „Projektive und analytische Schulgeometrie", enthalten ist, erscheint er als selbständiges Büchlein, um den Schülern an Anstalten, die einen ersten Versuch mit der projektiven Geometrie machen wollen, eine Unterlage für die Wiederholung zu bieten. Auch wird er dazu dienen können, einem Leser, dem die Geometrie der Lage noch fremd ist, einen ersten Einblick in ihr Wesen zu ermöglichen.

Hamburg 24, im Dezember 1909.

Böger.

§ 1. Harmonische Elemente.

1. Stereometrische Hilfssätze. (E 15; vgl. des Verfassers Ebene Geometrie der Lage Nr. 15).

1. Zwei Geraden, die in einer Ebene liegen, schneiden sich in einem Punkte.

2. Zwei Geraden, die sich in einem Punkte schneiden, liegen in einer Ebene.

3. Zwei Ebenen schneiden sich in einer Gerade.

4. Schneiden sich zwei Geraden, die in zwei verschiedenen Ebenen liegen, so liegt ihr Schnittpunkt in der Schnittlinie beider Ebenen.

5. Vier Punkte lassen sich immer als die Ecken eines (räumlichen oder ebenen) Vierecks ansehen.

Lehrsatz. Wenn zwei Gegenseiten eines Vierecks sich schneiden, so schneiden sich auch die andern Gegenseiten des Vierecks.

Beweis: Wenn die Gegenseiten ΔΑ und ΒΓ des Vierecks ΔΑΒΓ sich in P schneiden, so liegen die vier Ecken in der Ebene PΑΒ; alle Verbindungslinien der Ecken liegen daher in einer Ebene, folglich schneiden sie sich [1_1].

6. Wenn von drei Geraden je zwei sich schneiden, aber nicht alle

durch einen Punkt gehen, so liegen die drei Geraden in einer Ebene.	in einer Ebene liegen, so gehen die drei Geraden durch einen Punkt.

Beweis (des links stehenden Satzes). Nach der Voraussetzung schneiden sich b und c in A, c und a in B, a und b in C. Fällt A nicht mit B (und folglich auch nicht mit C) zusammen, so liegen die drei Geraden in der Ebene ABC. Fällt dagegen A mit B (und folglich auch mit C) zusammen, so gehen die drei Geraden durch einen Punkt.

2. Perspektiv liegende Dreiecke. 1. Zwei Dreiecke (oder auch zwei Vierecke) heißen zugeordnet, wenn den Ecken des einen die Ecken des andern zugewiesen sind; die einander zugewiesenen Ecken heißen homolog. Nennt man ferner zwei Seiten homolog, wenn die Endpunkte der einen den Endpunkten der andern homolog sind, so sind durch die Zuweisung der Ecken auch die Seiten einander zugewiesen. — Ebenso kann man zwei Dreiecke (oder auch zwei Vierecke) einander zuordnen, indem man den Seiten des einen die Seiten des andern zuweist. —

> 2. Lehrsatz des Desargues. **Wenn die drei Punkte, in denen sich die homologen Seiten zweier zugeordneten Dreiecke schneiden, in einer Gerade liegen, so gehen die drei Geraden, welche die homologen Ecken verbinden, durch einen Punkt.**

Beweis. Schneiden sich die homologen Seiten der beiden zugeordneten Dreiecke ABC und $A_1B_1C_1$ in den drei Punkten PQR der Gerade t (Fig. 1), so legen wir durch die Gerade t eine (in der Figur nicht gezeichnete) beliebige Ebene σ_1 und ziehen in dieser durch die drei Punkte PQR drei beliebige Geraden $\alpha\beta\gamma$, die sich in den Punkten $\mathrm{AB\Gamma}$ schneiden. Wir betrachten zunächst die beiden Dreiecke ABC und $\mathrm{AB\Gamma}$. Da BC und $\mathrm{B\Gamma}$ sich in P schneiden, so müssen sich auch die Verbindungslinien $B\mathrm{B}$ und $C\Gamma$ schneiden $^{(1_5)}$; ebenso müssen sich die Verbindungslinien $C\Gamma$ und $A\mathrm{A}$ und die Verbindungslinien $A\mathrm{A}$ und $B\mathrm{B}$ schneiden. Die drei Verbindungslinien $A\mathrm{A}$, $B\mathrm{B}$, $C\Gamma$ gehen daher $^{(1_6)}$ durch einen Punkt S. — Durch die Betrachtung der Dreiecke $A_1B_1C_1$ und $\mathrm{AB\Gamma}$ ergibt sich in derselben Weise, daß die Verbindungslinien $A_1\mathrm{A}$, $B_1\mathrm{B}$, $C_1\Gamma$ durch einen Punkt S_1 gehen.

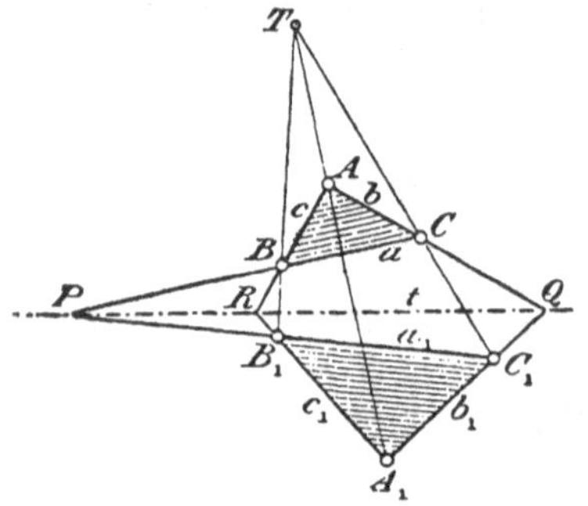

Fig. 1.

Den Punkt, in dem die Ebene σ der Dreiecke ABC und $A_1B_1C_1$ durch die Verbindungslinie der beiden Punkte S und S_1 geschnitten wird, nennen wir T. Weil nun SA und S_1A_1 nach der Konstruktion sich in A schneiden, müssen sich auch SS_1 und AA_1 schneiden $^{(1_5)}$, und zwar in T. Ebenso müssen BB_1 und CC_1 durch T gehen. —

> 3. Umkehrung. **Wenn die drei Geraden, welche die homologen Ecken zweier zugeordneten Dreiecke verbinden, durch einen Punkt gehen, so liegen die drei Punkte, in denen sich die homologen Seiten schneiden, in einer Gerade.**

Beweis. Wir legen durch den Punkt T (Fig. 1), in dem sich nach der Voraussetzung die drei Verbindungslinien homologer Ecken AA_1, BB_1, CC_1 schneiden, eine beliebige, nicht in σ liegende (in der Figur nicht gezeichnete) Gerade und nehmen in dieser zwei beliebige Punkte S und S_1 an. Weil SS_1 und AA_1 durch T gehen, so müssen sich auch SA und S_1A_1 in einem Punkte A schneiden $^{(1_5)}$; ebenso schneiden sich SB und S_1B_1 in einem Punkte B, SC und S_1C_1 in einem Punkte Γ. Die drei Punkte $\mathrm{AB\Gamma}$ bestimmen eine Ebene σ_1, die die Ebene σ in der Gerade t schneiden möge $^{(1_3)}$. — Die Geraden BC und B_1C_1 schneiden sich $^{(1_1)}$, weil sie beide in der Ebene σ liegen; die

Geraden BC und $B\Gamma$ schneiden sich, weil $B\mathrm{B}$ und $C\Gamma$ durch S gehen[15]; die Geraden B_1C_1 und $\mathrm{B}\Gamma$ schneiden sich, weil $B_1\mathrm{B}$ und $C_1\Gamma$ durch S_1 gehen[15]. Die drei Geraden BC, B_1C_1, $\mathrm{B}\Gamma$ gehen daher[16] durch einen Punkt P, und dieser liegt, weil z. B. BC und $\mathrm{B}\Gamma$ in zwei verschiedenen Ebenen σ und σ_1 liegen, in der Schnittlinie t von σ und σ_1[14]. BC und B_1C_1 schneiden sich also in einem Punkte P von t. — Ebenso liegt auch der Schnittpunkt Q von CA und C_1A_1 und der Schnittpunkt R von AB und A_1B_1 in t.

4. Zusatz. Der zweite Lehrsatz läßt sich auch unmittelbar aus dem ersten ablesen: Die homologen Seiten der Dreiecke RBB_1 und QCC_1 schneiden sich in drei Punkten TAA_1, die nach der Voraussetzung in einer Gerade liegen; die Verbindungslinien homologer Punkte R und Q, B und C, B_1 und C_1 müssen daher durch einen Punkt gehen[22].

3. Viereck und Vierseit. (E 16).

1. **Viereck.** Vier Punkte einer Ebene können durch sechs Geraden verbunden werden. Nimmt man die vier Punkte zu Ecken eines Vierecks und nennt die Verbindungslinien Seiten, so lautet der vorstehende Satz:

Ein Viereck hat sechs Seiten.

Zwei Seiten, die nicht durch dieselbe Ecke gehen, heißen Gegenseiten;

der Schnittpunkt zweier Gegenseiten heißt Diagonalpunkt;

die Verbindungslinie zweier Diagonalpunkte heißt Diagonallinie.

Ein Viereck hat demnach drei Paar Gegenseiten, drei Diagonalpunkte und drei Diagonallinien.

Die vier Ecken nennen wir $\Delta\mathrm{AB}\Gamma$ (Fig. 2); die drei von Δ ausgehenden Seiten abc, ihre

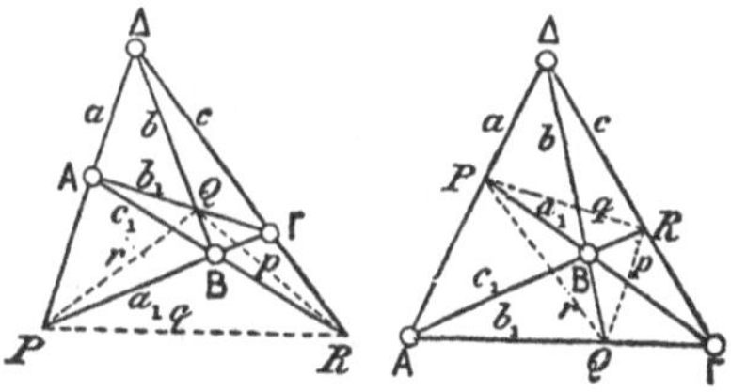

Fig. 2.

Gegenseiten $a_1b_1c_1$. Ferner führen wir für die Diagonalpunkte und Diagonallinien die Bezeichnung ein:

1. **Vierseit.** Vier Geraden einer Ebene schneiden sich in sechs Punkten. Nimmt man die vier Geraden zu Seiten eines Vierseits und nennt die Schnittpunkte Ecken, so lautet der vorstehende Satz:

Ein Vierseit hat sechs Ecken.

Zwei Ecken, die nicht in derselben Seite liegen, heißen Gegenecken;

die Verbindungslinie zweier Gegenecken heißt Diagonallinie;

der Schnittpunkt zweier Diagonallinien heißt Diagonalpunkt.

Ein Vierseit hat demnach drei Paar Gegenecken, drei Diagonallinien und drei Diagonalpunkte.

Die vier Seiten nennen wir $\delta\alpha\beta\gamma$ (Fig. 3); die drei in δ liegenden Ecken ABC, ihre Gegenecken

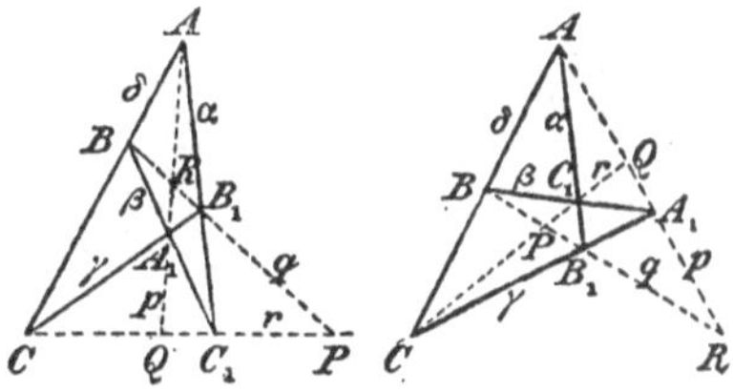

Fig. 3.

$A_1B_1C_1$. Ferner führen wir für die Diagonallinien und Diagonalpunkte die Bezeichnung ein:

$aa_1 = P$; $bb_1 = Q$; $cc_1 = R$.
$QR = p$; $RP = q$; $PQ = r$.

2. Zusatz. Jeder Seite eines Vierecks (und ihrer Gegenseite) wollen wir die Diagonallinie zuordnen, die die beiden nicht in der Seite liegenden Diagonalpunkte verbindet, so daß einander zugeordnet heißen

$a[a_1]$ und p; $b[b_1]$ und q;
$c[c_1]$ und r.

Wir nennen auch zwei Ecken und eine Diagonallinie zugeordnet, nämlich dann, wenn die Seite, die die beiden Ecken verbindet, der Diagonallinie zugeordnet heißt; weil z. B. AB durch R geht, so heißen die Ecken A und B und die Diagonallinie PQ zugeordnet.

$AA_1 = p$; $BB_1 = q$; $CC_1 = r$.
$qr = P$; $rp = Q$; $pq = R$.

2. Zusatz. Jeder Ecke eines Vierseits (und ihrer Gegenecke) wollen wir den Diagonalpunkt zuordnen, in dem sich die beiden nicht durch die Ecken gehenden Diagonallinien schneiden, so daß einander zugeordnet heißen

$A[A_1]$ und P; $B[B_1]$ und Q;
$C[C_1]$ und R.

Wir nennen auch zwei Seiten und einen Diagonalpunkt zugeordnet, nämlich dann, wenn die Ecke, in der sich die beiden Seiten schneiden, dem Diagonalpunkte zugeordnet heißt; weil z. B. $\alpha\beta$ in r liegt, so heißen die Seiten α und β und der Diagonalpunkt pq zugeordnet.

4. Harmonische Punkte (E 17; 18).

1. Definition. **Zwei Diagonalpunkte eines Vierecks und diejenigen beiden Punkte ihrer Verbindungslinie, welche auf den Gegenseiten des dritten Diagonalpunktes liegen, heißen vier harmonische Punkte.** — Den Inbegriff der beiden Diagonalpunkte nennt man ein Punktpaar.

2. Aufgabe. Zu einem Punktpaar und einem Punkte den vierten harmonischen Punkt zu zeichnen.

Lösung. Nennen wir das Punktpaar PQ und den Punkt W, so legen wir durch P zwei beliebige Geraden a und a_1, die von einer beliebigen durch W gelegten Gerade c in Δ und Γ geschnitten werden. Bezeichnen wir dann den Punkt, in welchem a von der Verbindungslinie QΓ geschnitten wird, durch A, und den Punkt, in welchem a_1 von QΔ geschnitten wird, durch B, so schneidet die Seite AB des Vierecks ABΓΔ die Gerade PQ in dem gesuchten vierten harmonischen Punkte W_1. — Diese Konstruktion ist für verschiedene Lagen der Punkte PQW und unter Abänderung der Lage der willkürlich angenommenen Geraden aa_1c zu wiederholen und einzuüben.

3. Lehrsatz. Durch ein Punktpaar und einen Punkt ist der vierte harmonische bestimmt.

Beweis. Unser Satz sagt aus, daß wir denselben Punkt W_1 erhalten, ob wir zur Konstruktion das Viereck ΔABΓ oder irgend ein anderes Δ'A'B'Γ' (Fig. 4) benutzen, daß also die Seiten AB und A'B' die Diagonallinie PQ in demselben Punkte W_1 schneiden. —

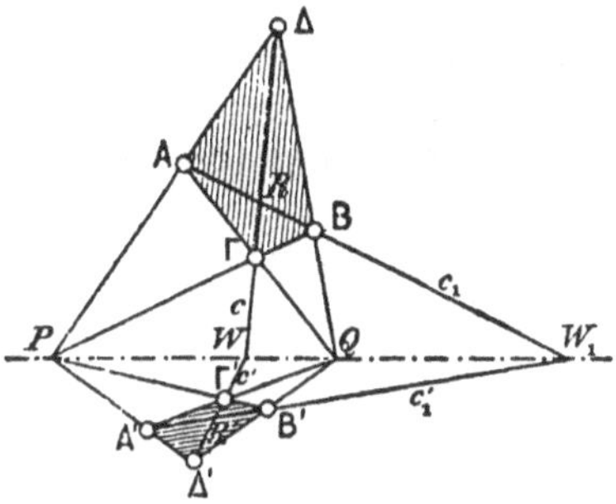

Fig. 4.

Jedes der beiden gezeichneten Vierecke ΔABΓ und Δ'A'B'Γ' zerlegen wir in zwei Dreiecke und betrachten zunächst ΔΓA und Δ'Γ'A'. Diese beiden Dreiecke liegen perspektiv, weil der Schnittpunkt W von ΔΓ und Δ'Γ', der Schnittpunkt P von ΔA und Δ'A', der Schnittpunkt Q von AΓ und A'Γ' in einer Gerade liegen. Die drei (in der Figur nicht gezeichneten) Verbindungslinien homologer Ecken ΔΔ', ΓΓ', AA' gehen daher [(2_2)] durch einen Punkt T. Ferner liegen die Dreiecke ΔΓB und Δ'Γ'B' perspektiv; es gehen daher die drei Verbindungslinien ΔΔ', ΓΓ', BB' durch einen Punkt, mit andern Worten: BB' geht durch den Schnittpunkt von ΔΔ' und ΓΓ', d. i. T. Betrachten wir schließlich die beiden Dreiecke ABΓ und A'B'Γ', so liegen diese perspektiv, weil, wie wir eben bewiesen haben, die Verbindungslinien homologer Ecken AA', BB', ΓΓ' durch einen Punkt T gehen. Weil nun BΓ und B'Γ' sich in P, ΓA und Γ'A' sich in Q schneiden, so müssen AB und A'B' durch einen und denselben Punkt W_1 von PQ gehen [(2_3)].

4. Zusatz. Aus unserer Konstruktion des vierten harmonischen Punktes geht noch hervor: Fällt W in Q, so fällt A mit Δ und B mit Γ, folglich AB mit ΔΓ und daher W_1 mit Q (und W) zusammen.

5. Vertauschbarkeit der Punktpaare eines harmonischen Wurfes. (E 19.) Ist ΔABΓ ein Viereck, von dem P und Q zwei Diagonalpunkte sind, während W und W_1 auf den Gegenseiten des dritten Diagonalpunktes liegen, so läßt sich, wie wir zeigen wollen, ein zweites Viereck zeichnen, von dem W und W_1 zwei Diagonalpunkte sind, während P und Q auf den Gegenseiten des dritten Diagonalpunktes liegen.

Betrachten wir die beiden Dreiecke Δ A Q und $W_1 W R$ (Fig. 5) und ordnen die Ecken in der hingeschriebenen Reihenfolge einander zu [(2_1)], so sehen wir, daß der Schnittpunkt P von ΔA und $W_1 W$, der Schnittpunkt Γ von AQ und WR, der Schnittpunkt B von QΔ und RW_1 in einer Gerade liegen. Es gehen daher die Verbindungslinien homologer Ecken ΔW_1, AW, QR durch einen Punkt S [(2_2)]. Wir haben damit ein Viereck SRΔA gezeichnet, von dem W und W_1 zwei Diagonalpunkte sind, während die

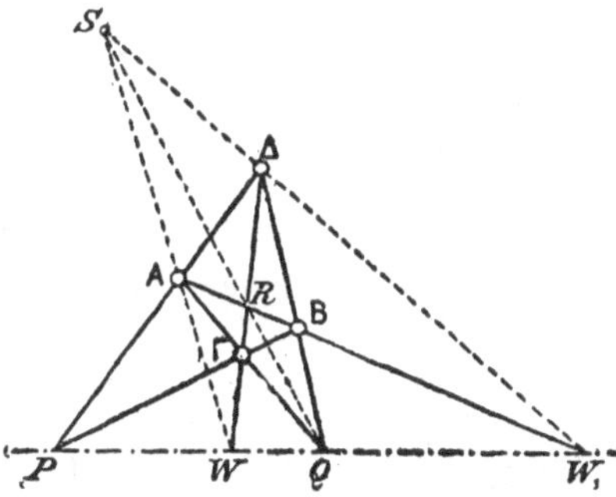

Fig. 5.

Gegenseiten ΔA und SR durch P und Q gehen. — Da wir demnach auch die beiden Punkte W und W_1 zu Diagonalpunkten machen können, so bleibt der in Nr. 4_3 bewiesene Lehrsatz richtig, wenn wir unter Punktpaar nicht bloß die beiden Punkte PQ, sondern auch die beiden Punkte WW_1 verstehen. — Unter Benutzung der

Definitionen. Der Inbegriff zweier beliebigen Punktpaare heißt ein Wurf. — Der Inbegriff der Punktpaare $PQ \cdot WW_1$ heißt ein harmonischer Wurf

können wir den nunmehr erweiterten Inhalt von Nr. 4_3 auch so aussprechen:

Stimmen zwei harmonische Würfe in einem Punktpaar und einem Punkte überein, so stimmen sie auch im vierten Punkte überein.

In Zeichen: Wenn $PQ \cdot WW_1$ und $WW_2 \cdot PQ$ zwei harmonische Würfe sind, so fällt W_2 in W_1.

6. **Harmonische Trennung** (E 24). 1. Die Reihenfolge von vier Punkten, die in einer Gerade liegen, sei $ABCD$. Aus den vier Punkten lassen sich drei Gruppen von je zwei Punktpaaren oder, wie man kurz sagt, drei Würfe bilden:

$$AB \cdot CD; \quad AC \cdot BD; \quad AD \cdot BC.$$

Die Anschauung lehrt, daß nur in der einen Gruppe $AC \cdot BD$ das eine Paar durch das andere getrennt wird. Werden die beiden Punktpaare, die einander trennen, mit einem beliebigen Punkte verbunden, so erhält man zwei sich trennende Strahlenpaare $ac \cdot bd$, die jede neue Gerade wieder in zwei sich trennenden Punktpaaren $A_1 C_1 \cdot B_1 D_1$ schneiden.

Bilden wir nun aus den vier harmonischen Punkten $PQ \cdot WW_1$ die drei möglichen Gruppen von Punktpaaren

$$PQ \cdot WW_1; \; PW \cdot QW_1; \; PW_1 \cdot QW,$$

so muß eine und nur eine dieser Gruppen zwei sich trennende Punktpaare enthalten. — Wäre diese Punktgruppe $PW \cdot QW_1$, so müßte, wenn wir die Punkte mit Δ (Fig. 6) verbinden, die Gruppe AR · BW_1 aus zwei getrennten Punktpaaren bestehen; gleichzeitig müßte aber auch, wenn wir die Punkte mit Γ verbinden, BR · AW_1 aus getrennten Punktpaaren bestehen. Da dies nicht möglich ist, so kann $PW \cdot QW_1$ keine aus getrennten Punktpaaren bestehende Gruppe sein.

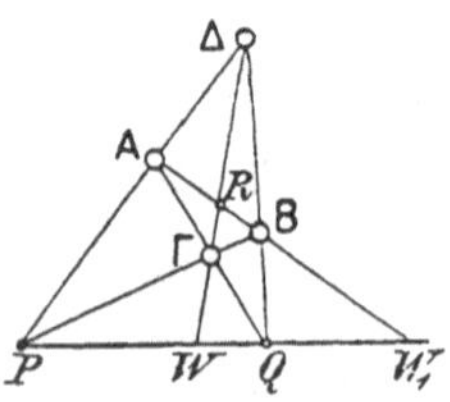

Fig. 6.

Ebenso überzeugt man sich davon, daß auch $PW_1 \cdot QW$ keine solche Punktgruppe sein kann. Es bleibt daher nur $PQ \cdot WW_1$ übrig.

Lehrsatz. Die beiden Punktpaare, welche einen harmonischen Wurf bilden, trennen einander. —

Man sagt nicht bloß, daß ein Punktpaar durch ein zweites Punktpaar harmonisch getrennt wird, sondern auch, daß ein Punktpaar PQ durch ein Strahlenpaar ww_1 harmonisch getrennt wird, nämlich dann, wenn das Punktpaar PQ durch die Schnittpunkte von w und w_1 mit der Verbindungslinie PQ harmonisch getrennt wird. Wir können also [41] unsern Lehrsatz auch so aussprechen:

2. **Je zwei Diagonalpunkte eines Vierecks werden durch die Gegenseiten des dritten Diagonalpunktes harmonisch getrennt.**

7. Harmonische Strahlen (E 21).

1. Definition. Vier Strahlen heißen harmonisch, wenn sie durch vier harmonische Punkte gehen.

2. Lehrsatz. **Vier harmonische Strahlen schneiden jede Gerade in vier harmonischen Punkten.**

Beweis. Nach der Voraussetzung schneiden die vier harmonischen Strahlen $ab \cdot cd$ irgend eine Gerade in vier harmonischen Punkten $AB \cdot CD$. Es ist zu zeigen, daß sie eine zweite beliebige Gerade ebenfalls in harmonischen Punkten schneiden. Zunächst beweisen wir den Satz aber nicht für eine beliebige, sondern für eine durch den Punkt D gehende Gerade, welche von abc in $A_1 B_1 C_1$ geschnitten werden möge.

Wir projizieren (Fig. 7) den Punkt C_1 aus A auf $S(B)$ und aus B auf $S(A)$. Bezeichnen wir den Schnittpunkt von $C_1 A$ und $S(B)$ durch B, den Schnittpunkt von $C_1 B$ und $S(A)$ durch A, so bilden SC_1AB ein Viereck, von dem A und B zwei Diagonalpunkte sind, während eine Seite des dritten Diagonalpunktes durch C geht; die Gegenseite AB muß daher [5] durch D gehen. Betrachten wir nun das Viereck ABAB, so sehen wir, daß von diesem C_1 und D zwei Diagonalpunkte sind, während die Gegenseiten des dritten Diagonalpunktes S durch A_1 und B_1 gehen; $A_1 B_1 \cdot C_1 D$ sind also [41] vier harmonische Punkte. —

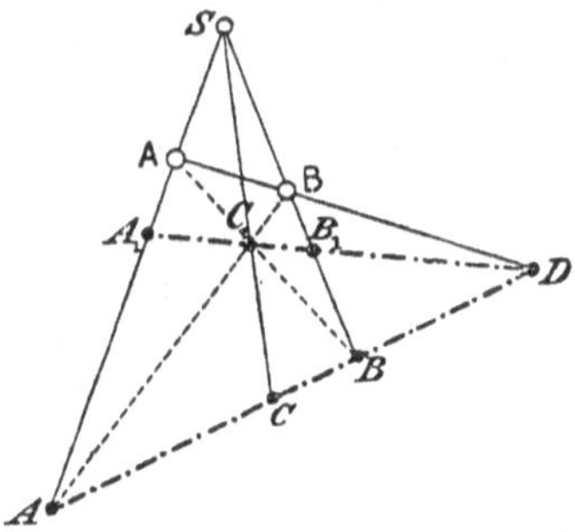

Fig. 7.

Wir wenden uns jetzt zu dem allgemeinen Fall: Wir projizieren also die vier harmonischen Punkte $AB \cdot CD$ aus S auf eine beliebige (nicht durch D gehende) Gerade t_1 und behaupten, daß $A_1 B_1 \cdot C_1 D_1$ ebenfalls vier harmonische Punkte sind. — Verbinden wir A_1 und D und bezeichnen die Punkte, in denen diese Verbindungslinie von den Projektionsstrahlen $S(B)$ und $S(C)$ geschnitten wird, durch B' und C', so sind nach dem eben geführten Beweise, weil $AB \cdot CD$ vier harmonische sind, auch $A_1 B' \cdot C'D$ vier harmonische Punkte; und weil $A_1 B' \cdot C'D$ vier harmonische Punkte sind, sind es auch $A_1 B_1 \cdot C_1 D_1$. —

3. Aus der Fig. 6 ergibt sich noch durch Projektion des harmonischen Wurfes $PQ \cdot WW_1$ aus Δ (oder Γ) auf die Vierecksseite AB, daß $\mathsf{AB} \cdot RW_1$ ein harmonischer Wurf ist (7₂):

Je zwei Ecken eines Vierecks werden durch ihren Diagonalpunkt und die zugeordnete (3₂) Diagonallinie harmonisch getrennt.

4. Aufgabe. Den von einem gegebenen Strahl w durch ein gegebenes Strahlenpaar pq harmonisch getrennten Strahl zu zeichnen.

Lösung. Wir legen durch einen beliebigen Punkt P von w zwei beliebige Geraden, die von p und q in vier Punkten, den Ecken eines Vierecks, geschnitten werden. Von diesem Viereck ist P ein Diagonalpunkt; die Verbindungslinie der beiden andern Diagonalpunkte ist der gesuchte Strahl.

8. Uneigentliche Punkte. 1. Eine Gerade hat mehr Punkte, als wir zählen können; sie hat unzählig oder unendlich viele Punkte. Ebenso hat ein Strahlenbüschel unendlich viele Strahlen. Verbinden wir sämtliche Punkte einer Gerade s mit einem außerhalb der Gerade liegenden Punkte S, so erhalten wir sämtliche Strahlen von S bis auf den einen u, der der Gerade s parallel ist. Die Zahl der Strahlen eines Punktes ist mithin um eins größer als die Zahl der Punkte einer Gerade. Wir dürfen also nicht sagen: Jeder Strahl des Büschels S schneidet die Gerade s, sondern müssen hinzufügen: bis auf einen u, der der Gerade parallel ist. Dieser Strahl u nimmt aber, wie wir im folgenden sehen werden, keine Ausnahmestellung ein; wir wollen deswegen den lästigen Zusatz umgehen, indem wir der Gerade s noch einen Punkt, den wir zum Unterschied von den übrigen den uneigentlichen nennen wollen, beilegen. Da dieser uneigentliche Punkt, in dem nach unserer neuen Ausdrucksweise der parallele Strahl die Gerade s schneidet, von jedem eigentlichen Punkt der Gerade unendlich weit entfernt ist, so nennen wir ihn auch den unendlich fernen Punkt der Gerade.

Der Grundsatz: Durch einen (eigentlichen) Punkt kann man zu einer Gerade eine und nur eine Parallele ziehen, lautet jetzt: Jede Gerade, die durch einen eigentlichen Punkt geht, hat einen und nur einen uneigentlichen (unendlich fernen) Punkt. — Aus diesem Grundsatz folgt, daß alle uneigentlichen (unendlich fernen) Punkte der Ebene in einer Gerade, der uneigentlichen (unendlich fernen) Gerade o der Ebene, liegen. Denn lägen sie in einer anderen Linie, so könnten wir zwei Punkte dieser Linie verbinden und somit eine Gerade mit zwei uneigentlichen Punkten zeichnen.

In Zukunft sprechen wir also nicht mehr von parallelen Geraden, sondern von solchen, die durch denselben Punkt der uneigentlichen Gerade o gehen oder, was dasselbe sagt, die sich in einem uneigentlichen Punkte scheiden. —

2. Aufgabe. Den Punkt einer Strecke zu finden, der von dem uneigentlichen Punkte durch die beiden Endpunkte harmonisch getrennt ist.

Lösung. Wenn P und Q (Fig. 8) die Endpunkte der Strecke sind und W_∞ der uneigentliche Punkt, so legen wir (4a) durch P zwei beliebige Strahlen, die von einem beliebig durch W_∞ gelegten Strahl, d. i. von einer beliebigen Parallele zu PQ, in Δ und Γ geschnitten werden. Treffen die Verbindungslinien $Q\Gamma$ und $Q\Delta$ die durch P gelegten Strahlen in A und B, so schneidet AB die Strecke PQ in dem vierten harmonischen Punkte W.

3. Wir behaupten, daß der gezeichnete vierte harmonische Punkt W der Mittelpunkt von PQ ist. — Sehen wir zunächst A und dann B als Strahlenmittelpunkt an, so haben wir nach einem Satze der Proportionenlehre

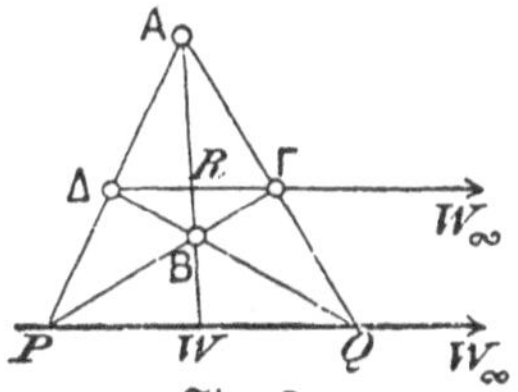

Fig. 8.

$$WP : R\Delta = WQ : R\Gamma$$
$$WP : R\Gamma = WQ : R\Delta,$$

folglich durch Multiplikation $WP^2 = WQ^2$. Daraus folgt entweder $WP = WQ$ oder $WP = -WQ$. Wäre $WP = WQ$, so fielen P und Q zusammen. Es ist daher $WP = -WQ$, d. h. W ist der Mittelpunkt von PQ. Das Ergebnis sprechen wir aus in dem

Lehrsatz. Die Endpunkte, der Mittelpunkt und der uneigentliche Punkt einer Strecke sind vier harmonische Punkte (43).

4. Richtig ist auch die

Umkehrung. Wenn von vier harmonischen Punkten der eine der uneigentliche [Mittelpunkt] ist, so ist der zugeordnete der Mittelpunkt [der uneigentliche].

5. Aus dem Lehrsatz 7_3 ergibt sich, weil in einem Trapez der Diagonalpunkt der Grundlinien ein uneigentlicher Punkt ist, der

Lehrsatz. Die Grundlinien eines Trapezes werden durch die Verbindungslinie der beiden eigentlichen Diagonalpunkte halbiert.

9. Zwei Strahlen und die Halbierungslinien ihrer Winkel.

1. Lehrsatz. Zwei Strahlen und die Halbierungslinien der beiden von den Strahlen gebildeten Winkel bilden einen harmonischen Wurf.

Beweis. a und b (Fig. 9) seien die beiden Strahlen und c und d die Halbierungslinien der durch a und b bestimmten Nebenwinkel. Wir verbinden einen beliebigen Punkt C der Halbierungslinie c mit dem uneigentlichen Punkte D_∞ der zweiten Halbierungslinie d und bezeichnen die Punkte, in denen diese Verbindungslinie die Strahlen a und b schneidet, durch A und B. Weil die Halbierungslinien c und d aufeinander senkrecht stehen, so ist $\angle SCA = SCB$ und daher Dreieck

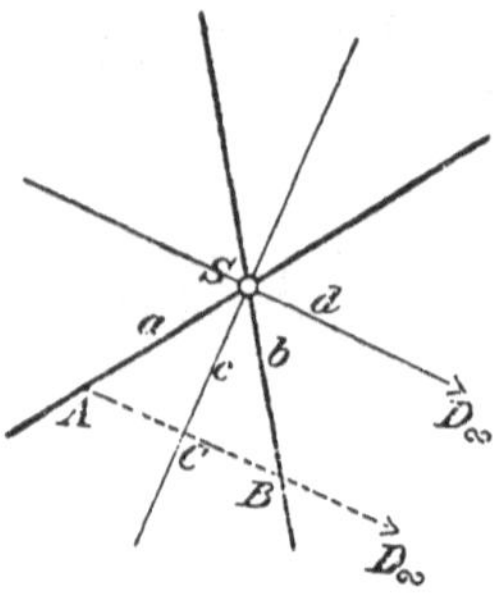

Fig. 9.

$SCA \cong SCB$, folglich $AC = CB$. Es sind also$^{(8_3)}$ $AB \cdot CD_\infty$ vier harmonische Punkte und folglich$^{(7_1)}$ $ab \cdot cd$ vier harmonische Strahlen.

2. Da durch drei Strahlen der vierte harmonische bestimmt ist$^{(5)}$, so läßt sich dem vorstehenden Satz auch die Form geben:

Wenn von vier harmonischen Strahlen $ab \cdot cd$ der eine c den Winkel ab halbiert, so halbiert der c zugeordnete Strahl d den Nebenwinkel von ab.

3. Wenn zwei zugeordnete Strahlen eines harmonischen Wurfes aufeinander senkrecht stehen, so halbieren sie die von den beiden andern zugeordneten Strahlen gebildeten Winkel.

Beweis. Verbinden wir wieder einen beliebigen Punkt C (Fig. 9) des einen der beiden senkrecht aufeinanderstehenden Strahlen c und d mit dem unendlich fernen Punkt D_∞ des andern, so sind, weil $ab \cdot cd$ nach der Voraussetzung harmonische Strahlen sind, $AB \cdot CD_\infty$ vier harmonische Punkte$^{(7_2)}$. Mithin ist C der Mittelpunkt von $AB$$^{(8_4)}$ und daher Dreieck $SCA \cong SCB$, folglich $\angle ac = cb$.

§ 2. Projektive Verwandtschaft.

10. Perspektive Verwandtschaft (E 6; 7). Das Wesen der Geometrie der Lage besteht darin, die Elemente [Punkte und Strahlen] der geraden Grundgebilde [Punktreihen und Strahlenbüschel] einander zuzuordnen, d. h. jedem Element des einen Grundgebildes ein Element des andern zuzuweisen. — Die einander zugewiesenen Elemente heißen homolog$^{(2_1)}$. Auf die einfachste Art stellt man eine solche Zuordnung, z. B. zwischen einer Punktreihe s und einem Strahlenbüschel S, dadurch her, daß man jedem Strahl a des Mittelpunktes S den Punkt A des Trägers s zuordnet, in dem der Strahl a die Gerade s schneidet. Für die so hergestellte Beziehung oder, wie man auch sagt, Verwandtschaft führen wir einen neuen Namen ein durch die

1. Definition. Eine Punktreihe und ein Strahlenbüschel heißen perspektiv zugeordnet oder kurz perspektiv, wenn die Punktreihe ein Schnitt des Strahlenbüschels ist (oder, was dasselbe sagt, wenn der Strahlenbüschel ein Schein der Punktreihe ist).

2. Für die perspektive Verwandtschaft zweier Strahlenbüschel [Punktreihen] gilt die Definition

Zwei Strahlenbüschel heißen perspektiv, wenn sie Scheine derselben Punktreihe sind.	Zwei Punktreihen heißen perspektiv, wenn sie Schnitte desselben Strahlenbüschels sind.

3. Aus dieser Definition folgt unmittelbar [7₁,₂] der

Lehrsatz. In zwei perspektiven Strahlenbüscheln sind vier Strahlen, die einen harmonischen Wurf bilden, vier Strahlen homolog, die wieder einen harmonischen Wurf bilden. —

4. Aufgabe. Zwei Strahlenbüschel perspektiv so aufeinander zu beziehen, daß zwei gegebenen Strahlen des einen Büschels zwei gegebene Strahlen des andern homolog sind.

Lösung. Sind ab und $a_1 b_1$ die in den Strahlenbüscheln S und S_1 gegebenen Strahlen, so nehmen wir die Verbindungslinie s der Schnittpunkte aa_1 und bb_1 zu Hilfe und weisen dem beliebigen Strahl x von S den Strahl x_1 von S_1 zu, der durch den Schnittpunkt $X = sx$ geht.

Lehrsatz. In zwei perspektiven Punktreihen sind vier Punkten, die einen harmonischen Wurf bilden, vier Punkte homolog, die wieder einen harmonischen Wurf bilden. —

4. Aufgabe. Zwei Punktreihen perspektiv so aufeinander zu beziehen, daß zwei gegebenen Punkten der einen Reihe zwei gegebene Punkte der andern homolog sind.

Lösung. Sind AB und $A_1 B_1$ die in den Punktreihen s und s_1 gegebenen Punkte, so nehmen wir den Schnittpunkt S der Verbindungslinien AA_1 und BB_1 zu Hilfe und weisen dem beliebigen Punkte X von s den Punkt X_1 von s_1 zu, der auf der Verbindungslinie $x = SX$ liegt.

Indem man für perspektiv das Zeichen $\overline{\overline{\wedge}}$ einführt, drückt man die Aufgabe kurz so aus:

$ab \ldots \overline{\overline{\wedge}}\, a_1 b_1 \ldots$ | $AB \ldots \overline{\overline{\wedge}}\, A_1 B_1 \ldots$

11. Projektive Verwandtschaft (E 30; 31).

1. Definition. **Zwei gerade Grundgebilde [10] heißen projektiv, wenn sie die Endglieder einer Kette von perspektiven Gebilden sind.**

Aus der Definition folgt unmittelbar:

2. Sind zwei gerade Grundgebilde einem dritten projektiv, so sind sie auch einander projektiv.

3. Lehrsatz. In zwei projektiven Grundgebilden sind vier Elementen, die einen harmonischen Wurf bilden, vier Elemente homolog, die wieder einen harmonischen Wurf bilden [10₃].

4. Aufgabe. **Zwei Strahlenbüschel projektiv so aufeinander zu beziehen, daß drei gegebenen Strahlen des einen Büschels drei gegebene des andern homolog sind.**

Allgemeine Lösung. Die Zuordnung soll so erfolgen, daß den Strahlen abc (Fig. 10) des einen

4. Aufgabe. **Zwei Punktreihen projektiv so aufeinander zu beziehen, daß drei gegebenen Punkten der einen Reihe drei gegebene der andern homolog sind.**

Allgemeine Lösung. Die Zuordnung soll so erfolgen, daß den Punkten ABC (Fig. 11) der einen

Büschels S die Strahlen $a_1 b_1 c_1$ des andern Büschels S_1 homolog sind. — Wir legen durch den Schnittpunkt zweier homologen Strahlen, z. B. durch $aa_1 = \mathsf{A}$, zwei beliebige Geraden s und s_1, ziehen die Verbindungslinie β der Schnittpunkte $s(b)$ und $s_1(b_1)$ und die Verbindungslinie

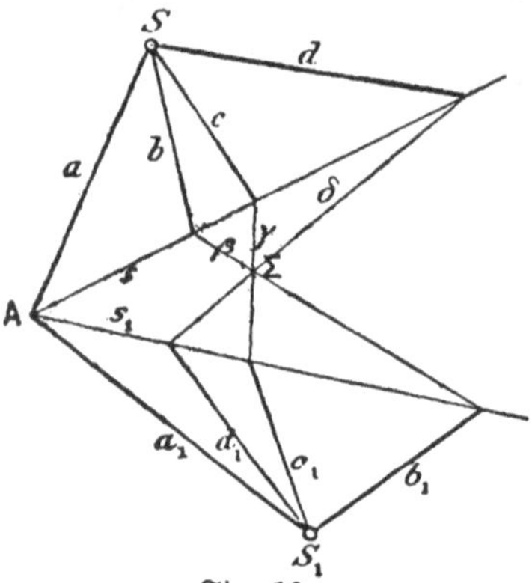

Fig. 10.

γ der Schnittpunkte $s(c)$ und $s_1(c_1)$ und bestimmen den Schnittpunkt $\beta\gamma = \Sigma$. Beziehen wir dann S und Σ vermittels s, und Σ und S_1 vermittels s_1 perspektiv aufeinander, so erhalten wir die verlangte Zuordnung der Strahlenbüschel S und S_1. — Ist z. B. d ein beliebiger Strahl von S, so bestimmt der Schnittpunkt $s(d)$ in Σ den Strahl δ und der Schnittpunkt $s_1(\delta)$ in S_1 den gesuchten homologen Strahl d_1. —

5. **Besondere Lösungen.** Unter den verschiedenen Lagen, die man den durch $\mathsf{A} = aa_1$ gehenden Hilfsgeraden s und s_1 geben kann, sind zwei von besonderer Wichtigkeit:

s und s_1 fallen mit den Geraden zusammen, die A mit den Schnittpunkten der beiden andern

Reihe s die Punkte $A_1 B_1 C_1$ der andern Reihe s_1 homolog sind. — Wir wählen auf der Verbindungslinie zweier homologen Punkte, z. B. auf $AA_1 = \alpha$, zwei beliebige Punkte S und S_1, bestimmen den Schnittpunkt B der Verbindungslinien $S(B)$ und $S_1(B_1)$ und den Schnittpunkt Γ

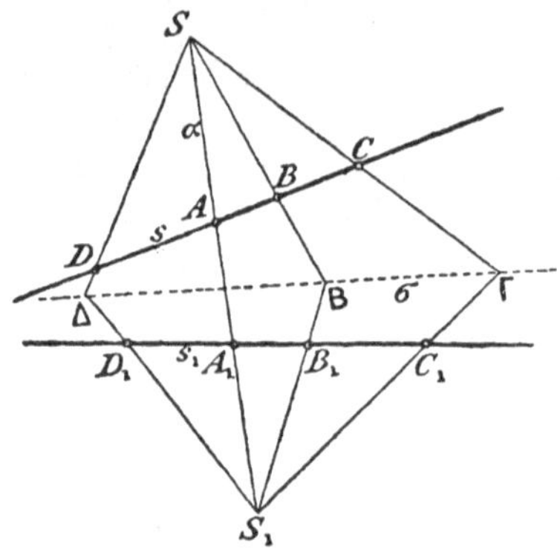

Fig. 11.

der Verbindungslinien $S(C)$ und $S_1(C_1)$ und ziehen die Verbindungslinie $\mathsf{B}\Gamma = \sigma$. Beziehen wir dann s und σ vermittels S, und σ und s_1 vermittels S_1 perspektiv aufeinander, so erhalten wir die verlangte Zuordnung der Punktreihen s und s_1. — Ist z. B. D ein beliebiger Punkt von s, so bestimmt die Verbindungslinie $S(D)$ in σ den Punkt Δ und die Verbindungslinie $S_1(\Delta)$ in s_1 den gesuchten homologen Punkt D_1. —

5. **Besondere Lösungen.** Unter den verschiedenen Lagen, die man den auf $\alpha = AA_1$ liegenden Hilfspunkten S und S_1 geben kann, sind zwei von besonderer Wichtigkeit:

S und S_1 fallen mit den Punkten zusammen, in denen α von den Verbindungslinien der beiden andern

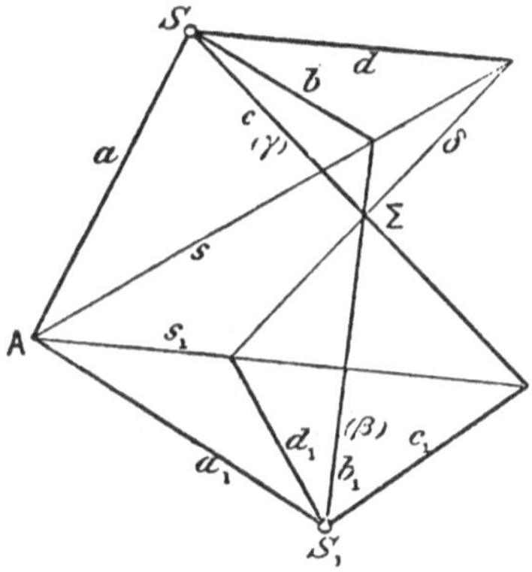

Fig. 12.

Paare von homologen Strahlen bb_1 und cc_1 verbinden (Fig. 12).

6. s fällt mit der Verbindungslinie $\mathsf{A}S_1 = a_1$ und s_1 mit der Verbindungslinie $\mathsf{A}S = a$ zusammen (Fig. 14).

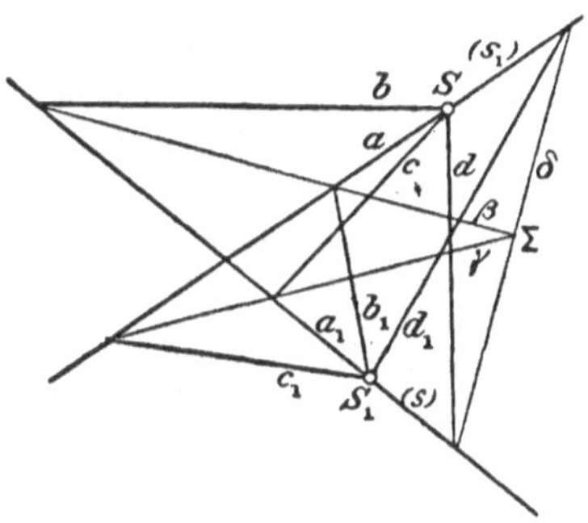

Fig. 14.

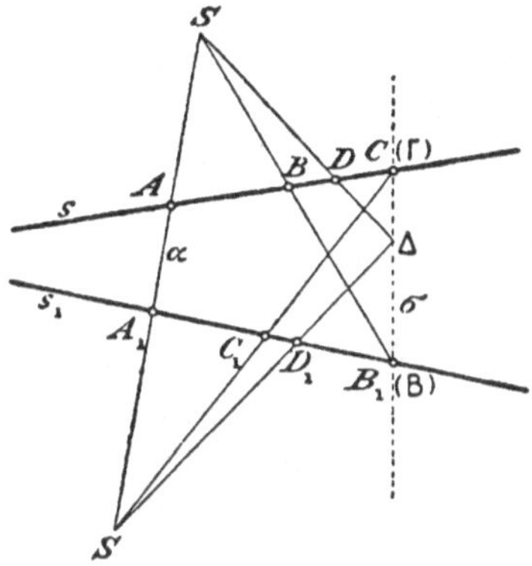

Fig. 13.

Paare von homologen Punkten BB_1 und CC_1 geschnitten wird (Fig. 13).

6. S fällt mit dem Schnittpunkt $as_1 = A_1$ und S_1 mit dem Schnittpunkt $as = A$ zusammen (Fig. 15).

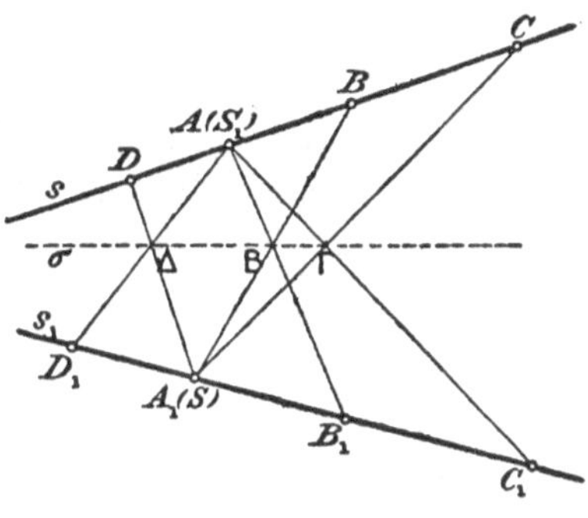

Fig. 15.

7. Zusatz. Indem man für projektiv das Zeichen $\barwedge$ einführt, drückt man die vorstehende Aufgabe kurz aus durch

$$abc \ldots \barwedge a_1 b_1 c_1 \ldots \qquad | \qquad ABC \ldots \barwedge A_1 B_1 C_1 \ldots$$

und die Konstruktion, durch welche man zu einem beliebigen Elemente das homologe erhält, durch

$$d \overline{\barwedge}\, s(d) \overline{\barwedge}\, \delta \overline{\barwedge}\, s_1(\delta) \overline{\barwedge}\, d_1 \qquad | \qquad D \overline{\barwedge}\, S(D) \overline{\barwedge}\, \Delta \overline{\barwedge}\, S_1(\Delta) \overline{\barwedge}\, D_1.$$

8. Anmerkung. Die vorstehende Konstruktion bildet die Grundlage für alle folgenden Betrachtungen; sie ist daher unter Abänderung

der Lage der gegebenen und der willkürlich angenommenen Stücke zu wiederholen und einzuüben.

12. Projektivität (E 37). 1. Liegen die Punkte ABC und die ihnen zugewiesenen $A_1B_1C_1$ in einer Gerade s, so führt die in Nr. 11_4 (rechts) angegebene Konstruktion nicht zum Ziel, weil die Verbindungslinie AA_1 mit s zusammenfällt. Wir können uns dadurch helfen, daß wir ABC aus einem beliebigen Punkt auf eine beliebige Gerade s' in $A'B'C'$ projizieren und nun mit ABC und $A'B'C'$ und darauf mit $A'B'C'$ und $A_1B_1C_1$ nach 11_4 verfahren. — Es ist aber nicht nötig, dieser allgemeinen Konstruktion weiter nachzugehen, weil sie nicht zu neuen Sätzen führt. Wichtig dagegen ist der folgende besondere Fall.

2. Definition. Der Inbegriff zweier projektiven Grundgebilde, die einen gemeinsamen Träger haben, heißt Projektivität. —

Liegen zwei projektive Punktreihen in einer Gerade, so kann jeder Punkt der Gerade zur ersten sowohl wie zur zweiten Punktreihe gerechnet werden: Jeder Punkt kann, wie wir sagen wollen, als ein zweifacher angesehen werden. Statt wie bisher drei beliebigen Punkten ABC drei beliebige Punkte $A_1B_1C_1$ zuzuweisen, bietet sich jetzt die Möglichkeit, Punkte der zweiten Reihe mit Punkten der ersten zusammenfallen zu lassen. Dabei wollen wir den Punkt, der mit seinem homologen zusammenfällt, nicht durch A, B oder C, sondern durch einen neuen Buchstaben K bezeichnen, um uns immer an seine besondere Bedeutung zu erinnern. Wir stellen uns also die

Aufgabe. Eine Projektivität herzustellen, für welche ist

$$KBC \overline{\wedge} KB_1C_1.$$

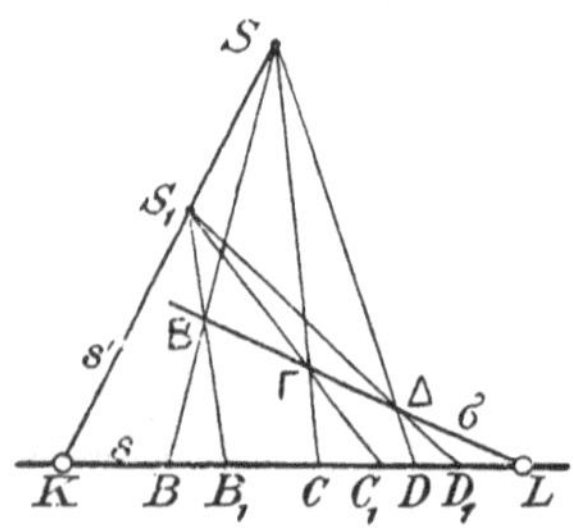

Fig. 16.

Lösung. Auf einer beliebigen durch K gelegten Gerade s' (Fig. 16) wählen wir zwei beliebige Punkte S und S_1 (vgl. Nr. 11_4), bestimmen den Schnittpunkt B von $S(B)$ und $S_1(B_1)$ und den Schnittpunkt Γ von $S(C)$ und $S_1(C_1)$ und ziehen die Verbindungslinie σ von B und Γ. Zu einem beliebigen Punkt D erhalten wir den homologen D_1 durch die Konstruktion (Fig. 16):

$$D \overline{\overline{\wedge}} S(D) \overline{\overline{\wedge}} \Delta \overline{\overline{\wedge}} S_1(\Delta) \overline{\overline{\wedge}} D_1.$$

3. Fällt D in den Punkt L, in dem die Verbindungslinie $\mathrm{B}\Gamma$ den gemeinsamen Träger der beiden Punktreihen schneidet, so sehen wir, daß auch D_1 in L fällt. Außer K ist also noch der Punkt L sich selbst homolog.

Definition. Ein Element, das mit seinem homologen zusammenfällt, heißt Ordnungselement.

Lehrsatz. Hat eine gerade Projektivität ein Ordnungselement, so hat sie auch noch ein zweites. —

13. Der Staudtsche Satz (E 32). Wir betrachten zwei projektive Punktreihen, die denselben Träger haben, und nehmen an, daß (nicht wie in der vorhergehenden Nummer zwei, sondern) drei Punkte mit ihren homologen zusammenfallen. —

1. Lehrsatz. Jeder Punkt, der mit drei sich selbst homologen Punkten einer Projektivität einen harmonischen Wurf bildet, ist sich selbst homolog.

Beweis. Sind KLM drei Punkte, die mit ihren homologen $K_1 L_1 M_1$ zusammenfallen, und N ein vierter Punkt, der mit KLM den harmonischen Wurf $KL \cdot MN$ bildet, so muß der dem Punkte N homologe Punkt N_1 mit $K_1 L_1 M_1$ einen harmonischen Wurf bilden (11₃). Da aber die beiden harmonischen Würfe $KL \cdot MN$ und $K_1 L_1 \cdot M_1 N_1$ drei Punkte gemeinsam haben, so fällt N_1 in N (5). —

2. Staudtscher Satz. Wenn zwei projektive Grundgebilde drei Elemente entsprechend gemeinsam haben, so haben sie jedes Element entsprechend gemeinsam.

In Zeichen: Wenn

$$KLMAB \cdot\cdot \barwedge KLMA_1 B_1 \cdot\cdot$$

ist, so fallen A und A_1, B und B_1 usw. zusammen.

Beweis. Haben die drei sich selbst homologen Punkte die Reihenfolge KLM, so gibt es zwischen K und L unendlich viele Punkte, die mit ihren homologen zusammenfallen. Zeichnen wir nämlich den von M durch K und L harmonisch getrennten Punkt N, so liegt dieser zwischen K und L (6₁) und fällt, wie wir eben gesehen haben, mit seinem homologen zusammen. Ebenso würde der von M durch K und N harmonisch getrennte Punkt mit seinem homologen zusammenfallen usw. — Ist nun P irgend einer dieser unendlich vielen sich selbst homologen Punkte, die zwischen K und L liegen, so muß auch der dem Punkte P benachbarte Punkt sich selbst homolog sein. Die Annahme nämlich, daß nicht dieser benachbarte Punkt, sondern erst einer der folgenden, etwa Q, mit seinem homologen zusammenfällt, führt zu einem Widerspruch. Denn der z. B. von M durch P und Q harmonisch getrennte Punkt muß zwischen P und Q liegen (6₁) und sich selbst homolog sein (13₁). — Fallen aber sämtliche Punkte, die zwischen K und L liegen, mit ihren homologen zusammen, so sind auch die übrigen sich selbst homolog. Denn zeichnen wir den von einem solchen Punkte R durch K und L harmonisch getrennten Punkt S, so fällt dieser, wie wir eben bewiesen haben, mit seinem homologen zusammen und folglich (13₁) auch der Punkt R selbst.

3. Daß der eben für zwei projektive Punktreihen bewiesene Satz auch für zwei projektive Strahlenbüschel gilt, wird in folgender Weise gezeigt. — Fallen die Strahlen klm mit ihren homologen $k_1 l_1 m_1$ zusammen, so wird eine beliebige Gerade s von den beiden projektiven Strahlenbüscheln in zwei projektiven (11₁) Punktreihen geschnitten, in denen sämtliche Punkte mit ihren homologen zusammenfallen, weil die drei Punkte KLM mit ihren homologen $K_1 L_1 M_1$ zusammenfallen. —

4. In Nr. 11_4 haben wir gesehen, daß man zwei gerade Grundgebilde projektiv so aufeinander beziehen **kann**, daß drei Elementen des einen drei Elemente des andern entsprechen. Aus dem Staudtschen Satz folgt:

Die projektive Verwandtschaft zweier geraden Grundgebilde ist durch drei Paar homologe Elemente eindeutig bestimmt. —

14. Kennzeichen der perspektiven Lage. Sind die Endglieder einer Kette zwei gleichnamige Grundgebilde, also zwei Strahlenbüschel **oder** zwei Punktreihen, so hat die Kette immer eine unpaare Zahl von Gliedern. Hat sie drei Glieder, so heißen die Endglieder perspektiv $^{(10_2)}$; hat sie fünf, sieben usw., kurz mehr als drei Glieder, so heißen die Endglieder projektiv $^{(11_1)}$. Die perspektive Verwandtschaft ist also dadurch gekennzeichnet, daß wir die Kette durch Einschalten nur eines Gliedes herstellen können; die projektive dadurch, daß wir mindestens drei Glieder einschalten müssen. Haben wir aber eine Kette durch Einschalten von drei oder mehr Gliedern gebildet, so sind wir noch nicht sicher, ob die Kette nicht auch durch Einschalten nur eines Gliedes hätte geschlossen werden können: die projektiven Endglieder könnten noch, wie man sagt, in perspektiver Lage sein. — Der folgende Lehrsatz liefert das

Kennzeichen der perspektiven Lage projektiver Grundgebilde:

Zwei projektive Strahlenbüschel sind in perspektiver Lage, wenn die Verbindungslinie ihrer Mittelpunkte sich selbst homolog ist.

In Zeichen: Aus

$$abc..\boldsymbol{m}...\barwedge a_1b_1c_1..\boldsymbol{m}...$$

folgt, daß die Schnittpunkte aa_1, bb_1, cc_1 ... in einer Gerade liegen.

Zwei projektive Punktreihen sind in perspektiver Lage, wenn der Schnittpunkt ihrer Träger sich selbst homolog ist.

In Zeichen: Aus

$$ABC..\boldsymbol{M}...\barwedge A_1B_1C_1..\boldsymbol{M}...$$

folgt, daß die Verbindungslinien AA_1, BB_1, CC_1 ... durch einen Punkt gehen.

Beweis. Die Verbindungslinie σ (Fig. 17) der Punkte A und B, in denen zwei beliebige Strahlen a und b des ersten Büschels S von den homologen Strahlen a_1 und b_1 des zweiten Büschels S_1 geschnitten werden, möge von dem den beiden Büscheln gemeinsamen Strahle $SS_1 = m[m_1]$ in M geschnitten werden. Bezeichnen wir ferner die Punkte, in denen σ von cd... geschnitten wird, durch ΓΔ...; die Punkte, in denen σ von c_1d_1... geschnitten wird, durch $\Gamma_1\Delta_1$..., so ist

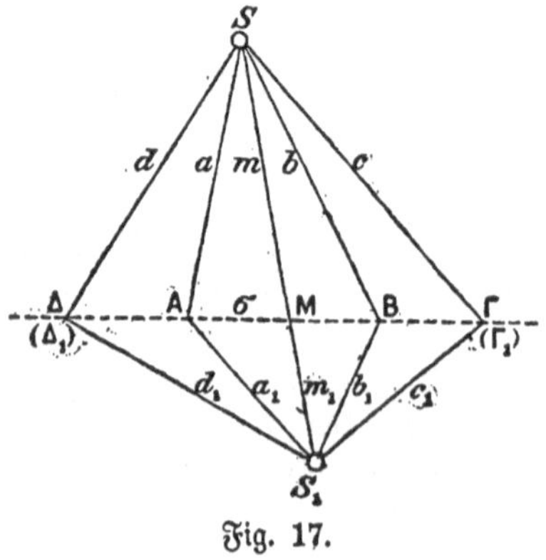

Fig. 17.

$$\mathrm{ABM\Gamma\Delta}... \doublebarwedge abmcd...$$
$$\barwedge a_1b_1m_1c_1d_1... \doublebarwedge \mathrm{ABM}\Gamma_1\Delta_1...$$

Folglich fallen Γ und Γ_1, Δ und $\Delta_1 \ldots$ zusammen[18₂]. Die beiden Strahlenbüschel S und S_1 sind also Scheine der Punktreihe σ, d. h.[10₂] perspektiv.

15. Doppelverhältnis. 1. Teilen die Punkte X und Y die Strecke AB, so entstehen die einfachen Verhältnisse $XA : XB$ und $YA : YB$. Aus diesen beiden Verhältnissen bilden wir das neue

$$\frac{XA}{XB} : \frac{YA}{YB},$$

gelesen: XA durch XB zu YA durch YB, das wir das Doppelverhältnis der vier Punkte $ABXY$ nennen und abkürzend durch $(ABXY)$ bezeichnen. —

2. Lehrsatz. Vier Strahlen schneiden in jeder Gerade dasselbe Doppelverhältnis aus — oder —

Beim Projizieren (aus einem eigentlichen Punkt auf eine beliebige Gerade) **bleibt das Doppelverhältnis unverändert.**

In Zeichen: $(ABXY) = (A_1 B_1 X_1 Y_1)$.

Beweis. Ziehen wir durch B (Fig. 18) eine Parallele zum Projektionsstrahl SA, welche SX und SY in U und V schneidet, so ist $(ABXY) = BV : BU$; denn

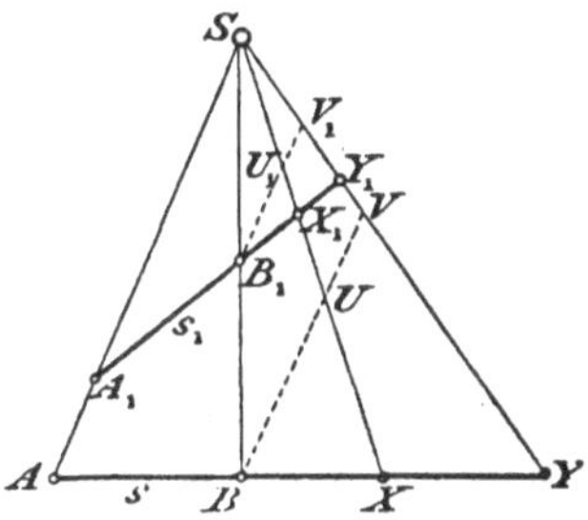

Fig. 18.

$$\frac{XA}{XB} = \frac{AS}{BU} \text{ und } \frac{YA}{YB} = \frac{AS}{BV} \quad (5_6)$$

folglich durch Division

$$\frac{XA}{XB} : \frac{YA}{YB} = \frac{BV}{BU}.$$

Ziehen wir ebenso durch B_1 eine Parallele zu SA, so ergibt sich bei entsprechender Bezeichnung $(A_1 B_1 X_1 Y_1) = B_1 V_1 : B_1 U_1$. Da aber $BV : BU = B_1 V_1 : B_1 U_1$ ist, so ist auch $ABXY = (A_1 B_1 X_1 Y_1)$.

3. Da vier Strahlen $abxy$ in jeder Gerade dasselbe Doppelverhältnis ausschneiden[15₂], so ist es erlaubt, auch von einem Doppelverhältnis $(abxy)$ von vier Strahlen zu sprechen. Wir verstehen darunter das Doppelverhältnis der vier Punkte, in denen eine beliebige Gerade von den vier Strahlen geschnitten wird. —

4. Die wiederholte Anwendung von Nr. 15_2 ergibt den

Lehrsatz. Zwei projektive Gruppen von je vier Punkten haben dasselbe Doppelverhältnis.

In Zeichen: $$\frac{ABCD \barwedge A_1 B_1 C_1 D_1}{(ABCD) = (A_1 B_1 C_1 D_1)}.$$

5. Von diesem Satz läßt sich bilden die

Umkehrung: Haben zwei Gruppen dasselbe Doppelverhältnis, so sind sie projektiv.

In Zeichen: $$\frac{(ABCD) = (A_1 B_1 C_1 D_1)}{ABCD \,\overline{\wedge}\, A_1 B_1 C_1 D_1}.$$

Beweis. Um $ABCD$ und $A_1 B_1 C_1 D_1$ (Fig. 19) als Endglieder einer Kette perspektiver Glieder darzustellen, nehmen wir auf der Verbindungslinie zweier homologen Punkte, z. B. auf AA_1, zwei beliebige Punkte S und S_1 an und projizieren aus ihnen die Punkte $ABCD$ und $A_1 B_1 C_1 D_1$. Die beiden Punkte B und Γ, in denen sich die homologen Projektionsstrahlen $S(B)$ und $S_1(B_1)$, $S(C)$ und $S_1(C_1)$ schneiden, verbinden wir durch die Gerade σ und nennen die Punkte, in denen σ von SS_1, $S(D)$, $S_1(D_1)$ geschnitten wird, A, Δ, Δ'. Es ist dann

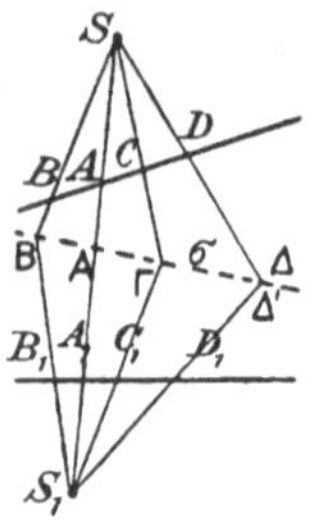

Fig. 19.

$$(\mathrm{AB}\Gamma\Delta) = (ABCD) \overset{(15_2)}{=} (A_1 B_1 C_1 D_1) = (\mathrm{AB}\Gamma\Delta') \;{}^{(15_2)}.$$

Folglich fällt Δ in Δ'. Wir haben mithin die folgende Kette perspektiver Glieder

$$ABCD \,\overline{\overline{\wedge}}\, S(ABCD) \,\overline{\overline{\wedge}}\, \mathrm{AB}\Gamma\Delta \,\overline{\overline{\wedge}}\, S_1(\mathrm{AB}\Gamma\Delta) \,\overline{\overline{\wedge}}\, A_1 B_1 C_1 D_1$$

d. h. nach der Definition von Nr. 11_1: $ABCD \,\overline{\wedge}\, A_1 B_1 C_1 D_1$.

6. Ist $AB = A_1 B_1$, $AX = A_1 X_1$, $AY = A_1 Y_1$, so ist auch $(ABXY) = (A_1 B_1 X_1 Y_1)$; daher:

Zwei kongruente Punktgruppen sind projektiv.

7. Daraus ergibt sich weiter:

Zwei kongruente Strahlengruppen sind projektiv.

Ist nämlich $\angle ab = a_1 b_1$, $\angle ax = a_1 x_1$, $\angle ay = a_1 y_1$, so können wir zwei zu den Strahlengruppen perspektive und unter einander kongruente Punktgruppen zeichnen. Wählen wir in a und a_1 zwei Punkte A und A_1 so, daß $SA = S_1 A_1$ ist, und errichten in A auf a das Lot s und in A_1 auf a_1 das Lot s_1, so werden s und s_1 von den kongruenten Strahlengruppen in kongruenten Punktgruppen geschnitten.

8. Aus den beiden vorhergehenden Sätzen folgt:

Zwei kongruente gerade Grundgebilde sind projektiv.

9. Ein besonderer Fall dieses Satzes ist:

Zwei Strahlenbüschel sind projektiv, wenn die Strahlen des einen auf den homologen des andern senkrecht stehen.

10. Zusatz. Ist M die Mitte und U der uneigentliche Punkt der Strecke AB, so ist

$$MA : MB = -1 \text{ und } UA : UB = +1;$$

folglich $$(ABXM) = -XA : XB \text{ und}$$
$$(ABXU) = XA : XB.$$

16. Das Doppelverhältnis eines harmonischen Wurfes (E 41).

1. Lehrsatz. Das Doppelverhältnis von vier harmonischen Punkten ist -1.

Beweis. Aus Fig. 6 ergibt sich:

$$PQWW_1 \overline{\wedge} \Delta(PQWW_1) \overline{\wedge} \mathsf{AB}RW_1 \overline{\wedge} \Gamma(\mathsf{AB}RW_1) \overline{\wedge} QPWW_1$$

folglich [15$_4$]

$$(PQWW_1) = (QPWW_1), \text{ d. i. } \frac{WP}{WQ} : \frac{W_1P}{W_1Q} = \frac{WQ}{WP} : \frac{W_1Q}{W_1P};$$

$$\text{folglich } \left(\frac{WP}{WQ}\right)^2 = \left(\frac{W_1P}{W_1Q}\right)^2, \text{ folglich } \frac{WP}{WQ} = \pm \frac{W_1P}{W_1P}.$$

Wäre $\frac{WP}{WQ} = \frac{W_1P}{W_1P}$, so fiele W_1 in W. Es ist daher $(PQWW_1) = -1$. —

2. Auf indirektem Wege beweist man die

Umkehrung. Vier Punkte, deren Doppelverhältnis -1 ist, bilden einen harmonischen Wurf.

§ 3. Krumme Grundgebilde.

17. Kreis (E 42 Z). $SS_1\mathsf{AB\Gamma}$.. seien Punkte einer Kreislinie. Zieht man nach $\mathsf{AB\Gamma}$.. von S und S_1 aus die Strahlen abc.. und $a_1b_1c_1$.., so ist $\angle ab = a_1b_1$, $\angle ac = a_1c_1$... Die in S und S_1 erzeugten Strahlenbüschel sind also kongruent, mithin auch projektiv [15$_7$]. Ein Kreis kann daher angesehen werden als der Inbegriff der Punkte, in denen sich die homologen Strahlen zweier projektiven Büschel schneiden.

18. Definition der krummen Grundgebilde (E 42).

1. Definition. Der Inbegriff der Punkte, in denen sich die homologen Strahlen zweier projektiven geraden Strahlenbüschel schneiden, heißt eine krumme Punktreihe oder eine Kurve zweiter Ordnung.

1. Definition. Der Inbegriff der Geraden, die die homologen Punkte zweier projektiven geraden Punktreihen verbinden, heißt ein krummer Strahlenbüschel oder ein Strahlenbüschel zweiter Ordnung.

Wollen wir also eine krumme Punktreihe zeichnen, so haben wir nach Nr. 11$_4$ zwei projektive Strahlenbüschel zu zeichnen. Da die projektive Verwandtschaft zweier Strahlenbüschel durch drei Strahlenpaare bestimmt ist [13$_4$], so können uns für die krumme Punktreihe fünf Punkte gegeben sein: zwei von diesen sind zu Mittelpunkten von Strahlenbüscheln und die drei übrigen zu Schnittpunkten homologer Strahlen dieser beiden Büschel zu machen. — Indem wir die hier angedeutete Konstruktion im folgenden ausführen, haben wir den Nachweis zu liefern, daß die entstandene Kurve davon unabhängig ist, welche beiden der fünf gegebenen Punkte wir zu Mittelpunkten machen. Bei diesem Nachweis treten die

Strahlen, welche der Verbindungslinie der beiden Strahlenmittelpunkte homolog sind, besonders hervor; durch sie werden wir zu dem Begriff der Tangente geführt und durch diesen zu der Erkenntnis, daß die krummen Punktreihen und ihr duales Gebilde, der krumme Strahlenbüschel, identisch sind.

2. Zusatz. Die Schnittpunkte homologer Strahlen zweier perspektiven Strahlenbüschel liegen in einer Gerade $\sigma^{(14)}$. Da die Verbindungslinie der Strahlenmittelpunkte sich selbst homolog ist, so kann man auch jeden Punkt dieser Verbindungslinie $m[m_1]$ als Schnittpunkt zweier homologen Strahlen auffassen und damit die beiden Geraden σ und m als Ort für den Schnittpunkt homologer Strahlen zweier perspektiven Büschel und weiter dann, weil perspektive Strahlenbüschel auch projektiv sind, als Kurve zweiter Ordnung. In der Tat bedient man sich der Ausdrucksweise:

Sind die beiden projektiven Strahlenbüschel in perspektiver Lage, so zerfällt die Kurve in zwei Geraden.

19. Erste Konstruktion der Kurve (E 46).

1. Aufgabe. Eine Kurve zweiter Ordnung zu zeichnen, von der fünf Punkte gegeben sind.

In Zeichen: $SS_1\mathsf{AB\Gamma}$.

Aufgabe. Einen Strahlenbüschel zweiter Ordnung zu zeichnen, von dem fünf Strahlen gegeben sind.

In Zeichen: $\sigma\sigma_1\alpha\beta\gamma$.

Lösung. Die fünf gegebenen Punkte seien $SS_1\mathsf{AB\Gamma}$. Wir ziehen nach $\mathsf{AB\Gamma}$ aus S und S_1 die Strahlen abc und $a_1b_1c_1$ und beziehen die Strahlenbüschel S und S_1 projektiv so aufeinander, daß den Strahlen abc die Strahlen $a_1b_1c_1$ entsprechen (Nr. 11_4, Allgemeine Lösung). Wir legen also (Fig. 20) durch A zwei beliebige Strahlen s und s_1, welche bc und b_1c_1 in BC und B_1C_1 schneiden, so daß $\mathsf{A}BC \overline{\overline{\wedge}} \mathsf{A}B_1C_1$ werden muß; den Schnittpunkt von $BB_1 = \beta$ und $CC_1 = \gamma$ bezeichnen wir durch Σ.

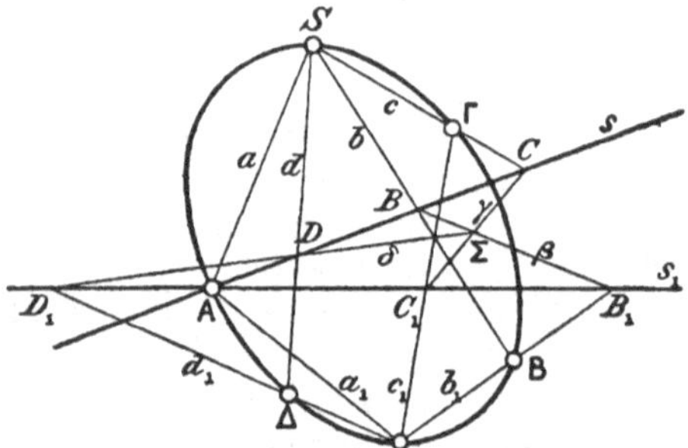

Fig. 20.

Einem beliebigen vierten Strahle d von S ordnen wir einen Strahl von S_1 durch folgende Konstruktion zu: Den Punkt D, in welchem d die Hilfslinie s schneidet, verbinden wir mit Σ und den Punkt D_1, in welchem diese Verbindungslinie δ die Hilfslinie s_1 schneidet, verbinden wir mit S_1 durch $S_1D_1 = d_1$. Der Schnittpunkt $\Delta = dd_1$ ist ein sechster Punkt der Kurve. — Auf die angegebene Weise sind soviel Punkte zu zeichnen, daß der Lauf der Kurve erkennbar ist.

2. Zusatz. Da die projektive Verwandtschaft der Strahlenbüschel S und S_1 durch drei Strahlenpaare bestimmt ist [13$_4$], so erhalten wir dieselbe Kurve, wenn wir an die Stelle des Punktes A (durch den wir die Hilfsgeraden s und s_1 legten) einen beliebigen andern Punkt der Kurve setzen, mit andern Worten:

A ist ein beliebiger Punkt der Kurve.

20. **Zweite Konstruktion der Kurve** (E 47). 1. Die vorhergehende Konstruktion [19$_1$] wird einfacher, wenn wir als Hilfslinien s und s_1 nicht zwei beliebige durch A gehende Geraden nehmen, sondern die Verbindungslinien AB und AΓ [11$_5$]; es fallen dann die Punkte BB (Fig. 21) und C_1Γ und folglich die Linien βb_1 und γc zusammen.

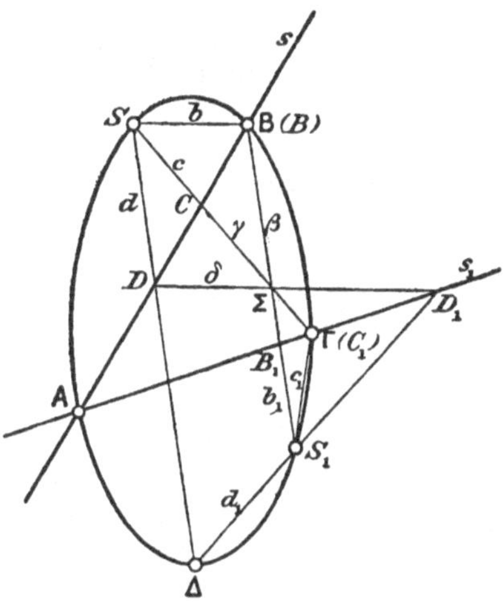

Fig. 21.

2. Zusatz. Führen wir die Konstruktion aus, so ergibt sich aus der Figur eine wichtige Eigenschaft des gezeichneten Kurvensechsecks: Die drei Punkte $\Sigma D_1 D$, welche in der Gerade δ liegen, lassen sich auffassen als die Punkte, in denen sich die Gegenseiten des Sechsecks (vgl. 25$_2$)

$$S\,\Gamma\,A\,B\,S_1\,\Delta$$

schneiden. Also:

Die Punkte, in denen sich die Gegenseiten dieses Sechsecks schneiden, liegen in einer Gerade. —

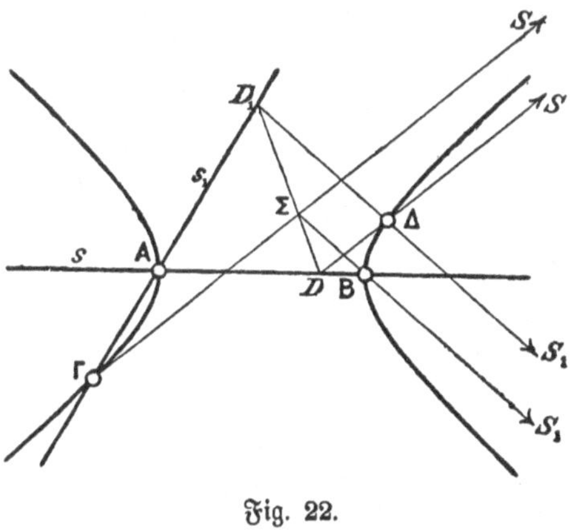

Fig. 22.

3. Zur Einübung der vorstehenden Konstruktion sollen die folgenden Aufgaben, bei denen ein uneigentlicher Punkt durch den Index $_\infty$ bezeichnet ist, gelöst werden.

Zur Übung:

$SS_1AB\Gamma_\infty$;
$SS_1AB_\infty\Gamma_\infty$;
$SS_1A_\infty B\Gamma$;
$S_\infty S_1AB\Gamma$;
$S_\infty S_{1\infty}AB\Gamma$ (Fig. 22);
$S_\infty S_1A_\infty B\Gamma$.

4. Zusatz. Bei diesen wie bei den folgenden Übungsaufgaben empfiehlt es sich, statt der beliebigen Lage der Punkte auch noch besondere Lagen anzunehmen, z. B. aus der Aufgabe $S_\infty S_{1\infty}$ ABΓ zu bilden die folgende

Aufgabe. Einem gleichschenkligen Dreieck eine Kurve zu umschreiben, die durch die uneigentlichen Punkte der Schenkelhöhen geht.

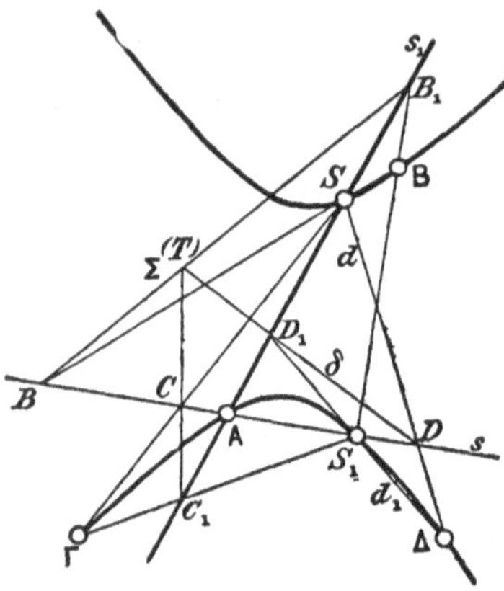

Fig. 23.

21. Dritte Konstruktion der Kurve (E 48). Wir fügen noch eine dritte Lösung, die für uns wichtigste, hinzu, indem wir die Hilfsgeraden s_1 und s mit AS und AS_1 zusammenfallen lassen [11₆].

Wir ziehen also nach ABΓ (Fig. 23) aus S die drei Strahlen, die $s =$ AS_1 in ABC, und aus S_1 die drei Strahlen, die $s_1 =$ AS in A$B_1 C_1$ schneiden, und bestimmen den Schnittpunkt Σ von BB_1 und CC_1. — Zu einem beliebigen Strahl d von S erhalten wir den zugeordneten d_1 von S_1, indem wir den Schnittpunkt $sd = D$ mit Σ durch δ und den Schnittpunkt $s_1 \delta = D_1$ mit S_1 verbinden.

22. Tangente und Berührungspunkt (E 48 Z₂). 1. Die in Nr. 21 gegebene Lösung ist die fruchtbarste, weil bei ihr der Punkt Σ eine wichtige geometrische Bedeutung gewinnt. Um diese zu erkennen, ziehen wir den (in der Fig. 23 nicht gezeichneten) Strahl $SS_1 = m$ und suchen den homologen m_1 von S_1. Dazu müssen wir den Schnittpunkt sm, d. i. S_1, mit Σ durch μ und den Schnittpunkt $s_1 \mu$ mit S_1 verbinden. Wir sehen, daß $S_1 \Sigma = m_1$ der dem Strahl $SS_1 = m$ homologe ist. Da der Strahl m von seinem homologen m_1 in S_1 geschnitten wird, so ist S_1 ein Punkt der Kurve. Während nun ein beliebiger Strahl d_1 von S_1 außer S_1 noch einen zweiten Punkt mit der Kurve gemeinsam hat, den Punkt Δ nämlich, in dem er von seinem homologen d geschnitten wird, hat der Strahl m_1 nur den Punkt S_1 mit der Kurve gemeinsam; er heißt daher Tangente der Kurve. — Die Verbindungslinie $S_1 S$ der Strahlenmittelpunkte läßt sich auch als Strahl des Büschels S_1 auffassen. Bezeichnen wir ihn als solchen mit n_1, so ergibt sich in derselben Weise, daß der homologe Strahl $S\Sigma = n$ Tangente in S ist:

Die Mittelpunkte zweier projektiven Strahlenbüschel sind Punkte der erzeugten krummen Punktreihe. — Die Strahlen, welche der Verbindungslinie der Mittelpunkte entsprechen, sind Tangenten der Kurve.

Die Träger zweier projektiven Punktreihen sind Strahlen des erzeugten krummen Büschels. — Die Punkte, welche dem Schnittpunkte der Träger entsprechen, sind Berührungspunkte des krummen Büschels.

2. Anmerkung. Der Punkt Σ ist, wie wir sehen, der Schnittpunkt der Tangenten in S und S_1. Um uns immer an diese geometrische Bedeutung zu erinnern, wollen wir an die Stelle des Buchstaben Σ von jetzt an T setzen.

23. Drei Punkte und zwei Tangenten (E 56). Aus der vorhergehenden Nummer ergibt sich die Lösung der

Aufgabe. **Eine Kurve zweiter Ordnung zu zeichnen, von der drei Punkte und die Tangenten in zweien dieser Punkte gegeben sind.**

In Zeichen: $SS_1\mathsf{A}\sigma\sigma_1$.

Aufgabe. **Einen Strahlenbüschel zweiter Ordnung zu zeichnen, von dem drei Strahlen und die Berührungspunkte in zweien dieser Strahlen gegeben sind.**

In Zeichen: $\sigma\sigma_1 a SS_1$.

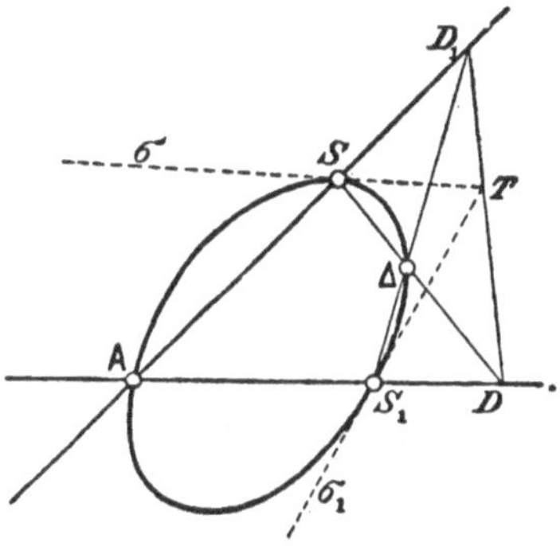

Fig. 24.

Lösung. Ziehen wir (Fig. 24) durch den Schnittpunkt T der Tangenten σ und σ_1 eine beliebige Gerade, welche die Sehnen $\mathsf{A}S_1 = s$ und $\mathsf{A}S = s_1$ in D und D_1 schneidet, so erhalten wir in dem Schnittpunkt von $S(D)$ und $S_1(D_1)$ einen neuen Kurvenpunkt $\Delta^{(21)}$.

Anmerkung. Während bisher zur Bestimmung der Kurve fünf Punkte $SS_1\mathsf{AB\Gamma}$ erforderlich waren, sind jetzt die gegebenen Stücke festgelegt durch vier Punkte: $SS_1\mathsf{A}$ und T. Wir legen daher diese Konstruktion allen folgenden Betrachtungen, Lehrsätzen sowohl wie Aufgaben, zugrunde.

Zur Übung $^{(20_3)}$: $SS_1\mathsf{A}\sigma \| \sigma_1$, $SS_1\mathsf{A}_\infty \sigma\sigma_1$; $SS_1\mathsf{A}_\infty \sigma \| \sigma_1$; $S_\infty S_1\mathsf{A}\sigma\sigma_1$; $S_\infty S_1\mathsf{A}_\infty \sigma\sigma_1$; $S_\infty S_{1\infty}\mathsf{A}\sigma\sigma_1$.

24. Bestimmungsstücke eines krummen Grundgebildes (E 49). 1. Von einer Kurve seien uns fünf Punkte $SS_1\mathsf{AB\Gamma}$ gegeben. Wir konstruieren zuerst nach Nr. 21 den Schnittpunkt $T^{(22_2)}$ der Tangenten in S und S_1 und zeichnen dann nach Nr. 23 weitere Kurvenpunkte Δ. — Von dem Kurvenviereck $SS_1\mathsf{A}\Delta$ (Fig. 25) sind D und D_1 zwei Diagonalpunkte. Wir zeichnen noch den dritten Diagonalpunkt R und betrachten die Bewegung der Diagonallinie RD, während der Strahl DD_1 sich um T dreht. Da die beiden Gegenseiten $S\Delta$ und $S_1\mathsf{A}$, die sich in dem Diagonalpunkte D schneiden, durch die beiden

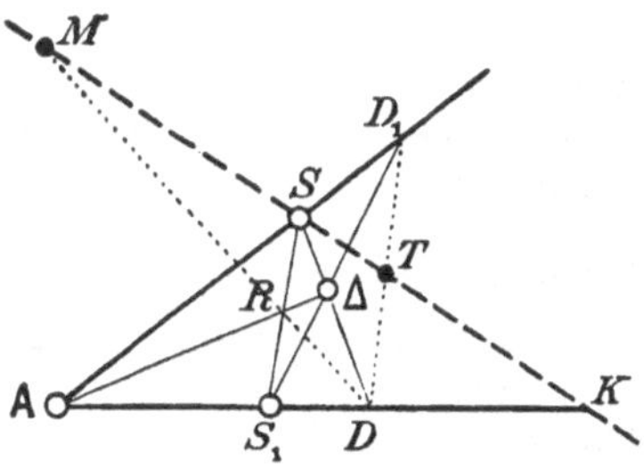

Fig. 25.

andern Diagonalpunkte R und D_1 harmonisch getrennt sind$^{(6_2)}$, so gehen von D vier harmonische Strahlen aus, die die Tangente ST in vier harmonischen Punkten $SK \cdot TM$ schneiden$^{(7_2)}$. Von diesen vier harmonischen Punkten bleiben drei, nämlich STK, bei der Drehung von DD_1 fest; es geht daher die Diagonallinie RD immer durch den vierten von T durch S und K harmonisch getrennten Punkt $M^{(5)}$. Wir haben daher bei der Drehung des Strahles DD_1

$$\mathsf{A}(\Delta) \doublebarwedge R \doublebarwedge M(R) \doublebarwedge D \doublebarwedge S(\Delta);$$

d. h.$^{(11_1)}$

$$\mathsf{A}(\Delta) \doublebarwedge S(\Delta).$$

Da A ein beliebiger Kurvenpunkt ist$^{(19_2)}$, so läßt sich in derselben Weise zeigen

$$\mathsf{B}(\Delta) \doublebarwedge S(\Delta);$$

folglich$^{(11_2)}$

$$\mathsf{A}(\Delta) \doublebarwedge \mathsf{B}(\Delta).$$

Lehrsatz. Eine krumme Punktreihe wird aus zwei beliebigen ihrer Punkte durch zwei projektive Strahlenbüschel projiziert.

Lehrsatz. Ein krummer Strahlenbüschel schneidet zwei beliebige seiner Strahlen in zwei projektiven Punktreihen.

2. Hätten wir also aus den fünf Punkten $SS_1\mathsf{AB\Gamma}$ die Kurve gezeichnet, indem wir (nicht S und S_1, sondern) A und B zu Strahlenmittelpunkten gemacht hätten, so würden wir dieselbe Kurve erhalten haben, weil die projektive Verwandtschaft der in A und B zu konstruierenden Strahlenbüschel durch die drei$^{(13_4)}$ Punkte $SS_1\mathsf{\Gamma}$ bestimmt ist:

Lehrsatz. Eine krumme Punktreihe ist durch fünf Punkte bestimmt.

Lehrsatz. Ein krummer Strahlenbüschel ist durch fünf Strahlen bestimmt.

3. Zusatz. Da S und S_1 sich durch zwei beliebige Kurvenpunkte ersetzen lassen, so haben S und S_1 keine Eigenschaften vor den übrigen Kurvenpunkten voraus:

Alle Sätze, die von S und S_1 gelten, gelten von jedem Kurvenpunkte.

4. Z. B. (vgl. 22_1):

In jeder Gerade, in der ein Punkt der krummen Punktreihe liegt, liegt auch noch ein zweiter Punkt.

Durch einen Punkt, durch den ein Strahl des krummen Strahlenbüschels geht, geht auch noch ein zweiter Strahl.

25. Pascal und Brianchon. 1. Aus Nr. 20_2 ergibt sich$^{(24_3)}$ der

Satz des Pascal. Die drei Punkte, in denen sich die Gegenseiten eines Kurvensechsecks schneiden, liegen in einer Gerade. —

Satz des Brianchon. Die drei Geraden, welche die Gegenecken eines Büschelsechsseits verbinden, gehen durch einen Punkt. —

2. Für die Anwendung des Pascal ist es am bequemsten, die Ecken des Sechsecks (in beliebiger Reihenfolge) durch Ziffern zu bezeichnen und die Schnittpunkte der Gegenseiten zu bestimmen nach dem Schema

$$1\ 2\ 3\ 4\ 5\ 6.$$

3. Der Satz des Pascal bleibt richtig, wenn man zwei Kurvenpunkte zusammenfallen läßt und zugleich an die Stelle der Verbindungslinie dieser beiden Punkte die Tangente setzt. Auch in diesem Fall erleichtert das Schema die Übersicht, wenn man die zusammenfallenden Punkte mit derselben Ziffer bezeichnet und diese zweimal hinschreibt.

Für ein Kurvendreieck ergibt sich z. B. das Schema

$$1\ 1\ 2\ 2\ 3\ 3.$$

In Worten:

Die drei Punkte, in denen die Seiten eines Kurvendreiecks die Tangenten der Gegenecken schneiden, liegen in einer Gerade.

Die drei Geraden, welche die Ecken eines Büscheldreiseits mit den Berührungspunkten der Gegenseiten verbinden, gehen durch einen Punkt.

26. Vier Punkte und eine Tangente (E 53). 1. Da DD_1 (Fig. 25) die der Seite SS_1 des Kurvenvierecks SS_1AΔ zugeordnete $^{(3_2)}$ Diagonallinie ist und DD_1 durch den Schnittpunkt T der Tangenten in S und S_1 geht, so haben wir $^{(24_3)}$ den

Lehrsatz. Die Tangenten zweier Ecken eines Kurvenvierecks schneiden sich in einem Punkte der zugeordneten Diagonallinie. —

Lehrsatz. Die Berührungspunkte zweier Seiten eines Büschelvierseits liegen in einem Strahl des zugeordneten Diagonalpunktes. —

2. Aufgabe. Eine Kurve zweiter Ordnung zu zeichnen, wenn vier Punkte und die Tangente in einem dieser Punkte gegeben sind.

In Zeichen: SS_1ABσ.

2. Aufgabe. Einen Strahlenbüschel zweiter Ordnung zu zeichnen, wenn vier Strahlen und der Berührungspunkt in einem dieser Strahlen gegeben sind.

In Zeichen: $\sigma\sigma_1\alpha\beta S$.

Lösung. Die den Ecken S und S_1 zugeordnete Diagonallinie des gegebenen Vierecks SS_1AB schneidet die gegebene Tangente σ in einem Punkte T, durch den auch die Tangente von S_1 geht $^{(26_1)}$. Durch Konstruktion dieses Punktes T ist die Aufgabe auf unsere Fundamentalaufgabe $^{(23)}$ zurückgeführt.

Zur Übung $^{(20_3)}$: SS_1A$_\infty$ Bσ; SS_1A$_\infty$ B$_\infty$ σ; S_∞ S_1ABσ; S_∞ S_1AB$_\infty$$\sigma$; S_∞ S_1A$_\infty$ Bσ; S_∞ $S_{1\infty}$ ABσ.

27. Der Tangentenbüschel (E 60). 1. Wir sahen $^{(24_1)}$, daß die Diagonallinie DR des Kurvenvierecks SS_1AΔ durch den festen Punkt M der

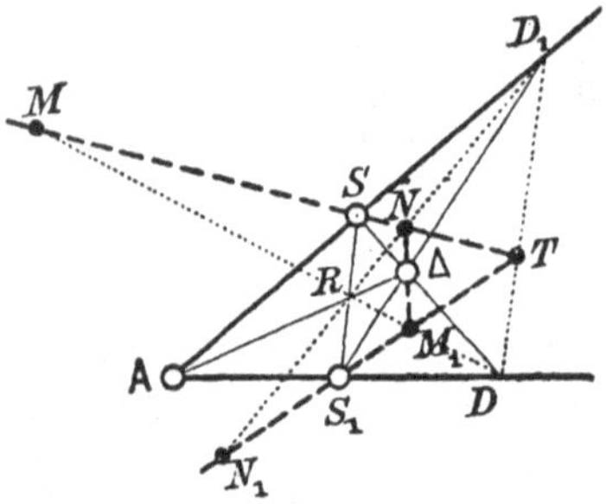

Fig. 26.

Tangente ST geht; ebenso ergibt sich, daß die Diagonallinie D_1R durch den festen Punkt N_1 der Tangente S_1T geht. Wenden wir nun den Satz 26_1 an 1. auf die Ecken S und Δ, 2. auf die Ecken S_1 und Δ, so sehen wir, daß der Schnittpunkt N (Fig. 26) von ST und D_1R und der Schnittpunkt M_1 von S_1T und DR auf der Tangente von Δ liegen. Dreht sich der Strahl DD_1 um T, so ergibt sich:

$$N \overline{\overline{\wedge}} N_1(N) \overline{\overline{\wedge}} R \overline{\overline{\wedge}} M(R) \overline{\overline{\wedge}} M_1, \text{ d. h.}^{(11_1)}\ N \overline{\overline{\wedge}} M_1.$$

Lehrsatz. Die Tangenten einer Kurve zweiter Ordnung schneiden in zwei beliebigen festen Tangenten zwei projektive Punktreihen aus. —

Lehrsatz. Die Berührungspunkte eines Büschels zweiter Ordnung werden aus zwei beliebigen festen Berührungspunkten durch zwei projektive Strahlenbüschel projiziert. —

2. Da wir mithin die Tangenten einer Kurve ansehen können als die Verbindungslinien der homologen Punkte N und M_1 zweier projektiven Punktreihen, so haben wir den

Lehrsatz. Die Tangenten einer krummen Punktreihe bilden einen krummen Strahlenbüschel [(18_1)].

Lehrsatz. Die Berührungspunkte eines krummen Strahlenbüschels bilden eine krumme Punktreihe [(18_1)].

3. Zusatz. Alle Sätze also, die wir von den Strahlen eines krummen Büschels aufgestellt haben, gelten auch von den Tangenten einer krummen Punktreihe. Z. B. [(24_4)].

Durch jeden Punkt, durch den eine Tangente geht, geht auch noch eine zweite Tangente. —

4. An die Stelle des Büschelsechsseits dürfen wir [(28_2)] das von sechs Tangenten der Kurve gebildete Sechsseit, das wir kurz ein Kurvensechsseit nennen wollen, setzen, so daß die in Nr. 25 (rechts) ausgesprochenen Sätze lauten:

Satz des Brianchon. Die drei Geraden, welche die Gegenecken eines Kurvensechsseits verbinden, gehen durch einen Punkt.

Die drei Geraden, welche die Ecken eines Kurvendreiseits mit den Berührungspunkten der Gegenseiten verbinden, gehen durch einen Punkt.

28. Zwei Punkte und drei Tangenten (E 58 Z.).

Aufgabe. Eine Kurve zu zeichnen, von der drei Tangenten und die Berührungspunkte in zweien dieser Tangenten gegeben sind.

In Zeichen: $SS_1\sigma\sigma_1\alpha$.

Lösung. In dem von den drei Tangenten $\sigma\sigma_1\alpha$ gebildeten Kurvendreiseit kennen wir die Berührungspunkte der beiden Seiten σ und σ_1; wir können daher vermittels des Brianchon für das Dreiseit [(27$_4$)] den Berührungspunkt der Tangente α finden: Wir verbinden die Ecke $\sigma\alpha$ mit S_1 und die Ecke $\sigma_1\alpha$ mit S; die Gerade, welche den Schnittpunkt dieser beiden Verbindungslinien mit der dritten Ecke $\sigma\sigma_1$ verbindet, schneidet die Tangente α in ihrem Berührungspunkt A. Durch die Zeichnung dieses Kurvenpunktes A ist unsere Aufgabe auf die Fundamentalaufgabe [(23)] zurückgeführt.

Zur Übung [(20$_3$)]: $SS_{1\infty}\sigma\sigma_1\alpha$; $SS_1\sigma\|\sigma_1\alpha$; $SS_1\sigma\sigma_1\|\alpha$; $S_\infty S_{1\infty}\sigma\sigma_1\alpha$; $SS_1\sigma\sigma_1\alpha_\infty$.

29. Ein Punkt und vier Tangenten (E 61).

1. Lehrsatz. Verbindet man die drei Punkte, in denen die Diagonallinien eines Vierecks von einem beliebigen Strahl einer Ecke geschnitten werden, mit den zugeordneten Ecken des Vierecks, so erhält man ein dem Viereck umgeschriebenes Vierseit, das mit dem Viereck das Diagonaldreieck gemeinsam hat.

Beweis. Der Strahl δ der Ecke Δ schneide die drei Diagonallinien des Vierecks ΔABΓ in ABC (Fig. 27). Zu dem Punkt A [B; C] ist, weil er in QR [RP; PQ] liegt, der zugeordnete Diagonalpunkt P [Q; R] und folglich die zugeordnete Ecke [(8$_2$)] A [B; Γ]. Wir haben also die Punkte ABC der Reihe nach mit den Ecken ABΓ durch die Geraden $\alpha\beta\gamma$ zu verbinden und zu zeigen, daß die Ecken $\beta\gamma$, $\gamma\alpha$, $\alpha\beta$ des Vierseits $\delta\alpha\beta\gamma$ in den Diagonallinien des Vierecks ΔABΓ liegen. — Weil Δ und A durch P und QR harmonisch getrennt werden [(7$_3$)], gehen von

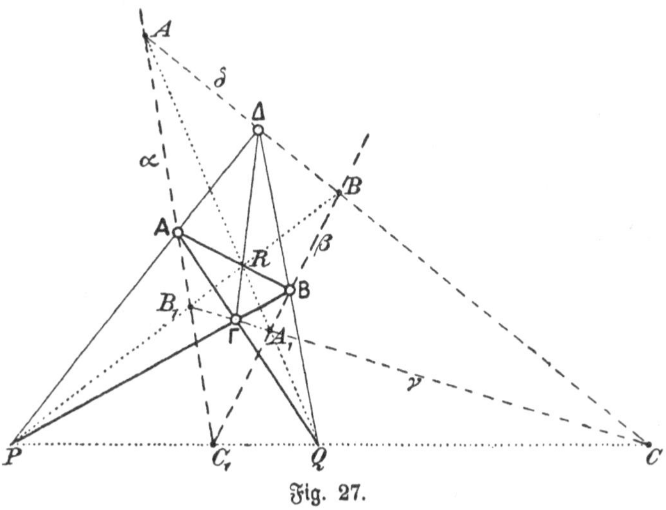

Fig. 27.

A aus vier harmonische Strahlen $A(\Delta \mathsf{A} \cdot PQ)$, folglich$^{(7_2)}$ schneidet a die Diagonallinie RP in dem von B durch R und P harmonisch getrennten Punkt B_1 und die Diagonallinie PQ in dem von C durch P und Q harmonisch getrennten Punkt C_1. — Bezeichnen wir noch den von A durch R und Q harmonisch getrennten Punkt durch A_1, so läßt sich in derselben Weise zeigen, daß β durch C_1 und A_1 und γ durch A_1 und B_1 geht.

2. Anmerkung. Halten wir in der Fig. 27 die Punkte $\mathsf{AB\Gamma}$ und C_1 (und damit auch ihre Verbindungslinien) fest und lassen die Gerade PQ um C_1 sich drehen, so ist

$$\mathsf{A}(\Delta) \,\bar{\bar{\wedge}}\, P \,\bar{\wedge}\, C_1(P) \,\bar{\bar{\wedge}}\, Q \,\bar{\wedge}\, \mathsf{B}(\Delta);$$

der Punkt Δ beschreibt also als Schnittpunkt homologer Strahlen der beiden projektiven Büschel A und B eine krumme Punktreihe$^{(18_1)}$. — Ferner ist, weil $A_1[B_1]$ als der von C_1 durch $\mathsf{B}[\mathsf{A}]$ und $\mathsf{\Gamma A}[\mathsf{B\Gamma}]$ harmonisch getrennte Punkt$^{(5)}$ fest bleibt,

$$A \,\bar{\wedge}\, A_1(A) \,\bar{\bar{\wedge}}\, R \,\bar{\wedge}\, B_1(R) \,\bar{\wedge}\, B;$$

die Gerade δ beschreibt also als Verbindungslinie homologer Punkte der beiden projektiven Punktreihen a und β einen krummen Strahlenbüschel$^{(18_1)}$. — Da die Gerade δ Tangente der von Δ beschriebenen Punktreihe ist$^{(26_1)}$, so haben wir in der Fig. 27 eine übersichtliche Vereinigung der Figuren 25 und 26 und ihrer ineinandergreifenden Eigenschaften.

3. Nicht bloß δ, sondern auch $a\beta\gamma$ (Fig. 27) sind Tangenten der durch $\mathsf{AB\Gamma}\Delta\delta$ bestimmten Kurve$^{(26_1)}$. Nennen wir das aus den vier Tangenten gebildete Vierseit und das aus den vier Kurvenpunkten gebildete Viereck einander zugeordnet, so haben wir den

Lehrsatz. Jedes Kurvenvierseit hat mit dem zugeordneten Kurvenviereck das Diagonaldreieck gemeinsam. —

4. Aufgabe. Eine Kurve zweiter Ordnung zu zeichnen, von der vier Tangenten und der Berührungspunkt in der einen dieser Tangenten gegeben sind.

In Zeichen: $\Delta\delta a\beta\gamma$.

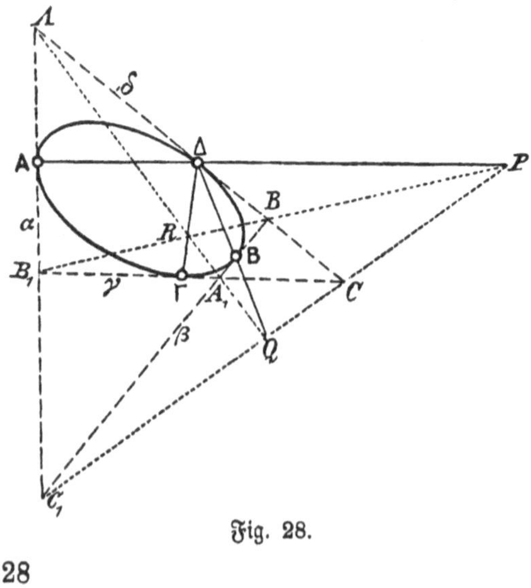

Fig. 28.

Lösung. Wir zeichnen das Diagonaldreieck PQR des Vierseits $\delta a\beta\gamma$ (Fig. 28). Weil die Tangenten δ und a sich in einem Punkt A von QR schneiden, so muß die Verbindungslinie ihrer Berührungspunkte durch den Diagonalpunkt P gehen$^{(26_1)}$; ΔP schneidet also die Tangente a in ihrem

Berührungspunkte A. — Ferner schneiden ΔQ und ΔR die Tangenten β und γ in den Berührungspunkten B und Γ.

30. Fünf Tangenten (E 62).

Aufgabe. Eine Kurve zweiter Ordnung zu zeichnen, von der fünf Tangenten gegeben sind.

In Zeichen: $\alpha\beta\gamma\delta\varepsilon$.

1. Erste Lösung. Um die Berührungspunkte A und B von α und β zu finden, betrachten wir die Kurvenvierseite $\alpha\beta\gamma\delta$ und $\alpha\beta\gamma\varepsilon$ und zeichnen in jedem den Diagonalpunkt, der der Ecke $\alpha\beta$ zugeordnet ist$^{(3_2)}$, indem wir in dem ersten Vierseit den Schnittpunkt der Diagonallinien $\alpha\gamma\cdot\beta\delta$ und $\alpha\delta\cdot\beta\gamma$ und in dem zweiten Viereck den Schnittpunkt der Diagonallinien $\alpha\gamma\cdot\beta\varepsilon$ und $\alpha\varepsilon\cdot\beta\gamma$ bestimmen; die Gerade, welche die für beide Vierseite gefundenen Diagonalpunkte verbindet, schneidet α und β in den gesuchten Berührungspunkten$^{(26_1)}$.

2. Zweite Lösung. Eine bequemere Konstruktion erhalten wir durch den Brianchon für das Kurvenfünfseit (vgl. Nr. 27_4). Wollen wir z. B. den Berührungspunkt der Tangente α finden, so benutzen wir das Schema

$$\alpha\ \alpha\ \beta\ \gamma\ \delta\ \varepsilon,$$

d. h. wir zeichnen die Verbindungslinie der Schnittpunkte $\alpha\beta$ und $\delta\varepsilon$ und die Verbindungslinie der Schnittpunkte $\beta\gamma$ und $\alpha\varepsilon$; die Gerade, welche den Schnittpunkt dieser Verbindungslinien mit $\gamma\delta$ verbindet, schneidet α in dem gesuchten Kurvenpunkt A.

31. Hyperbel (E 122; 123).

1. Erklärung. Eine Kurve zweiter Ordnung heißt Ellipse, Hyperbel oder Parabel, je nachdem sie mit der uneigentlichen Gerade keinen, zwei oder einen Punkt gemeinsam hat.

2. Sind B und Γ (Fig. 29) die beiden uneigentlichen Punkte einer Hyperbel, Δ und A zwei beliebige Hyperbelpunkte und δ die Tangente in Δ, so lassen sich die Tangenten in ABΓ zeichnen$^{(26_1)}$, indem wir (wie in Fig. 27) die Punkte ABC, in denen δ die Seiten des Diagonaldreiecks PQR schneidet, mit ABΓ verbinden. — Die Tangenten BB$=\beta$ und CΓ$=\gamma$ der uneigentlichen Punkte B und Γ heißen Asymptoten. — Weil die Diagonallinien BB_1 und CC_1 des von den Tangenten gebildeten Vierseits $\delta\alpha\beta\gamma$ durch den uneigentlichen Diagonalpunkt P des Vierecks ΔABΓ gehen, so haben wir den

Lehrsatz. Zwei beliebige Hyperbeltangenten schneiden die Asymptoten in den Ecken eines Trapezes, dessen Grundlinien der Berührungssehne der beiden Tangenten parallel sind. —

3. Aus BB_1 parallel CC_1 (Fig. 29) ergibt sich weiter: Dreieck $A_1BC = A_1B_1C_1$; folglich

Lehrsatz. Jede Tangente begrenzt mit den beiden Asymptoten ein Dreieck von unveränderlichem Inhalt. —

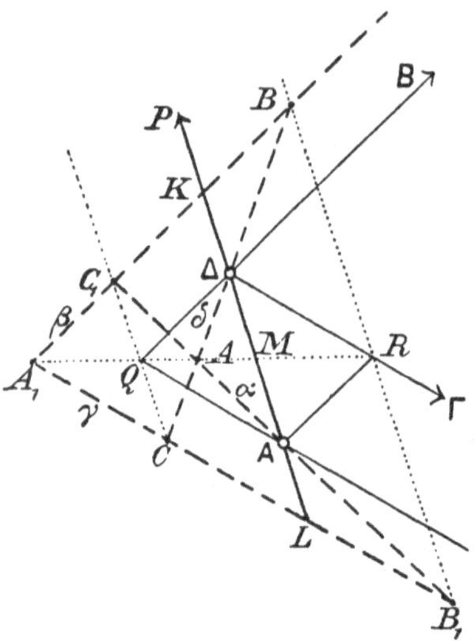

Fig. 129.

4. Weil die Ecken Δ und A durch P und QR harmonisch getrennt werden$^{(7_3)}$, so ist M (Fig. 29) die Mitte von ΔA$^{(8_4)}$. — Von dem Viereck BB_1CC_1 sind AA_1P die Diagonalpunkte; die Diagonalpunkte A und P werden also durch die Gegenseiten β und γ des dritten Diagonalpunktes A_1 harmonisch getrennt$^{(6_2)}$; M ist daher auch die Mitte von KL:

Lehrsatz. Die Mitte einer Hyperbelsehne ist zugleich die Mitte der von den Asymptoten auf der Sehne begrenzten Strecke. —

5. Die Diagonalpunkte Q und R (Fig. 29) werden durch die Gegenseiten ΔA und BΓ des dritten Diagonalpunktes P harmonisch getrennt; $P(QR \cdot$ ΔB) sind also vier harmonische Strahlen, die die Tangente δ in vier harmonischen Punkten schneiden$^{(7_2)}$. Es ist daher Δ die Mitte von $BC^{(8_4)}$:

Lehrsatz. Die Strecke, welche auf einer beliebigen Hyperbeltangente durch die beiden Asymptoten begrenzt wird, wird durch den Berührungspunkt halbiert. —

32. **Parabel** (E 129). 1. Ist Δ (Fig. 30) der uneigentliche Punkt$^{(31_1)}$ einer Parabel, seine Tangente δ also die uneigentliche Gerade, so lassen sich die Tangenten in ABΓ zeichnen$^{(26_1)}$, indem wir (wie in Fig. 27) die Punkte ABC, in denen die uneigentliche Gerade δ die Seiten des Diagonaldreiecks PQR schneidet, mit ABΓ verbinden. Die Ecken $A_1B_1C_1$ des Vierseits $\delta\alpha\beta\gamma$ sind dann, weil z. B. B und B_1 durch R und P harmonisch getrennt werden$^{(29_1)}$, die Mitten$^{(8_4)}$ der Seiten des Diagonaldreiecks PQR:

Lehrsatz. Die Tangenten in drei beliebigen Parabelpunkten halbieren die Diagonallinien desjenigen Kurvenvierecks, das von den drei Punkten und dem uneigentlichen Punkt der Parabel gebildet wird. —

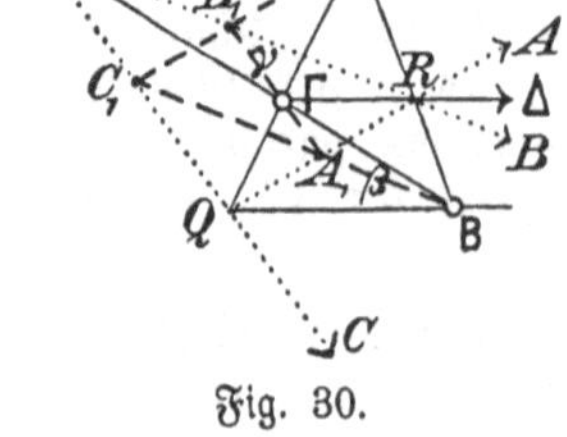

Fig. 30.

2. Aus der Fig. 30 ergibt sich

Dreieck $Q\mathrm{B}P = Q\mathrm{BA}$;

Dreieck $Q\mathrm{B\Gamma} = Q\mathrm{B\Gamma}$;

Dreieck $PQ\Gamma = \mathrm{AB\Gamma}$;

Dreieck $PQ\Gamma = 2A_1B_1C_1$;

Dreieck $\mathrm{AB\Gamma} = 2A_1B_1C_1$.

Lehrsatz. Jedes Parabeldreieck ist doppelt so groß wie das zugeordnete Parabeldreiseit.

§ 4. Pol und Polare.

33. Polare (E 86). Vermittels einer Kurve kann man jedem Punkt P eine Gerade p durch die folgende Konstruktion zuordnen:

Die Gerade, welche den Punkt P (Fig. 31) mit einem beliebigen Kurvenpunkt Δ verbindet, schneidet die Kurve noch in

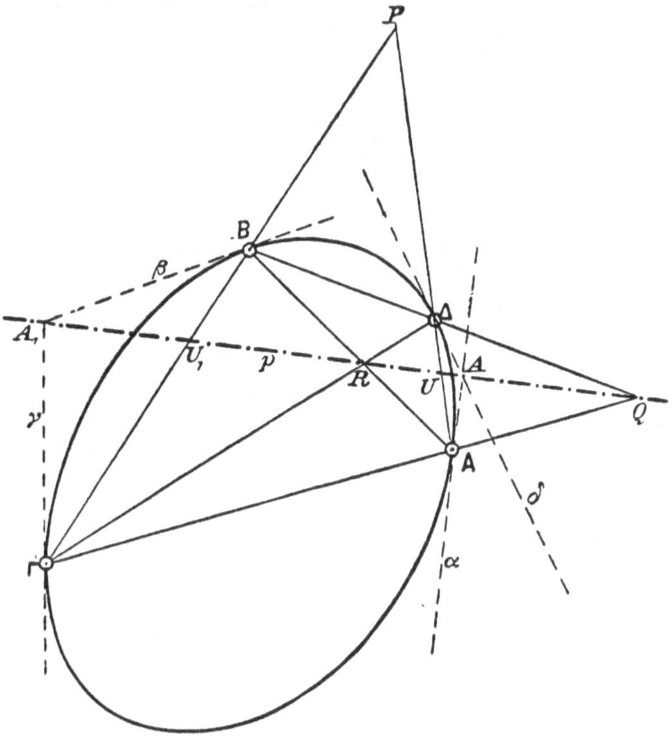

Fig. 31.

einem zweiten Punkt[(24_1)] A; zeichnen wir den von P durch Δ und A harmonisch getrennten Punkt U und ferner den Schnittpunkt A der Tangenten δ und α in Δ und A, so heißt die Verbindungslinie p von U und A die Polare des Punktes P. —

Es läßt sich zeigen, daß die Gerade p allein von der Lage des Punktes P, nicht aber von der Wahl des Kurvenpunktes Δ abhängt: Schneidet die Gerade, welche P mit einem weitern beliebigen Kurvenpunkt B verbindet, die Kurve zum zweitenmale in Γ, so haben wir den von P durch B und Γ harmonisch getrennten Punkt U_1 und den Schnittpunkt A_1 der Tangenten β und γ in B und Γ zu zeichnen und nachzuweisen, daß U_1A_1 mit UA zusammenfällt. Dazu zeichnen wir von dem Kurvenviereck, von dem P ein Diagonalpunkt ist, die beiden andern Diagonalpunkte Q und R (Fig. 31); die Verbindungslinie dieser beiden Diagonalpunkte geht sowohl durch $U\,[U_1]^{(7_3)}$ als auch durch $A\,[A_1]^{(26_1)}$. Die beiden gezeichneten Geraden fallen also mit QR zusammen. —

Wie wir gesehen haben, liegen in der Polare von P

der von P durch Δ und A harmonisch getrennte Punkt;
der Schnittpunkt der Tangenten in Δ und A;
zwei Diagonalpunkte des Kurvenvierecks ΔABΓ.

Diese Ergebnisse sprechen wir aus in dem

Lehrsatz. In der Polare des Punktes P liegen

1. die von P durch die Kurve harmonisch getrennten Punkte;
2. die Schnittpunkte derjenigen Tangentenpaare, deren Berührungssehnen durch P gehen;
3. zwei Diagonalpunkte jedes Kurvenvierecks, dessen dritter Diagonalpunkt P ist.

4. Folgerung. Jedes Diagonaldreieck eines Kurvenvierecks [eines Kurvenvierseits$^{(29_3)}$] ist ein Polardreieck, d. h. ein Dreieck, in dem jede Seite die Polare ihrer Gegenecke ist.

5. Zusatz. Geht durch P eine Tangente, so können wir zu der Konstruktion der Polare den Berührungspunkt dieser Tangente wählen. Da in diesem Fall der Punkt U mit dem Berührungspunkt zusammenfällt$^{(4_4)}$, so geht die Polare durch den Berührungspunkt:

Gehen durch P zwei Tangenten, so ist die Verbindungslinie der Berührungspunkte die Polare. —

6. Fällt P in den Kurvenpunkt S, so fällt auch U in $S^{(4_4)}$:

Die Polare eines Kurvenpunktes ist seine Tangente.

34. Projektive Verwandtschaft zwischen Pol und Polare (E 90). 1. Zu einem beliebigen Punkt Q der Gerade p wollen wir die Polare zeichnen und zwar auf folgendem Wege:

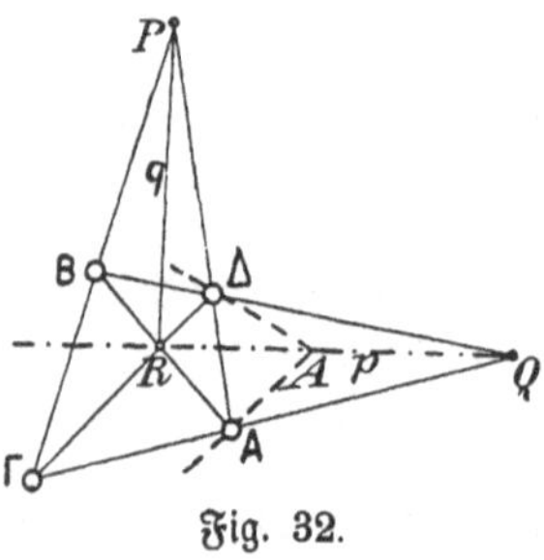

Fig. 32.

Schneidet die Tangente des beliebigen Kurvenpunktes Δ (Fig. 32) die Gerade p in A, so geht durch A noch eine zweite Tangente$^{(27_3)}$, die die Kurve in A berühren möge. Schneiden die Geraden, welche Q mit Δ und A verbinden, die Kurve noch$^{(24_4)}$ in B und Γ, so ist Q ein Diagonalpunkt des Kurvenvierecks ΔABΓ, die Verbindungslinie der beiden anderen P und R also$^{(33_2)}$ die Polare q von Q. — Der Diagonalpunkt R liegt in $p^{(26_1)}$. —

2. Lassen wir nun Q in p sich bewegen und benutzen zu der Konstruktion der Polare q immer die beiden Punkte Δ und A, so bleibt außer $\Delta\mathsf{A}A$ und p auch der Punkt P fest, weil er der von p durch Δ und A harmonisch getrennte Punkt ist$^{(7_3)}$. Führen wir für diesen festen Punkt, von dem p die Polare ist$^{(33_3)}$, ein neues Wort ein durch die

Definition. Der Punkt P heißt der **Pol** der Gerade p, wenn p die Polare von P ist,

so haben wir den

Lehrsatz. **Die Polaren q der Punkte Q einer Gerade p gehen durch einen Punkt P, den Pol der Gerade p.**

3. Ferner haben wir (Fig. 32)

$$Q \barwedge \Delta(\mathsf{B}) \barwedge \mathsf{A}(\mathsf{B})^{(24_1)} \barwedge R \barwedge P(R).$$

Lehrsatz. Die Polaren der Punkte einer Gerade bilden einen zu der geraden Punktreihe projektiven Strahlenbüschel.

4. Die in der vorstehenden Kette enthaltene Aussage$^{(11_1)}$

$$Q \barwedge R$$

übersetzen wir ins Deutsche durch eine Definition und einen Lehrsatz:

Definition. Zwei Punkte heißen hinsichtlich einer Kurve konjugiert, wenn der eine in der Polare des andern liegt.

Lehrsatz. Je zwei konjugierte Punkte einer Gerade sind Punktpaare einer Projektivität$^{(12_2)}$.

Definition. Zwei Geraden heißen hinsichtlich einer Kurve konjugiert, wenn die eine durch den Pol der andern geht.

Lehrsatz. Je zwei konjugierte Strahlen eines Punktes sind Strahlenpaare einer Projektivität.

5. Mit Hilfe des Begriffs der konjugierten Elemente läßt sich Nr. 33_4 auch so aussprechen:

Ein Diagonalpunkt eines Kurvenvierecks (Kurvenvierseits) ist jedem der beiden andern Diagonalpunkte konjugiert.

Eine Diagonallinie eines Kurvenvierseits (Kurvenvierecks) ist jeder der beiden andern Diagonallinien konjugiert.

6. Zusatz. Die Punktpaare Q und R haben, wie aus der Fig. 32 hervorgeht, die Eigenschaft, daß R in Q fällt, wenn Q in R fällt.

35. Aufgaben über Pol und Polare (E 97). Ist für eine Kurve ein Punkt P und seine Polare p gegeben, so kann man zu jedem Kurvenpunkte S einen neuen Kurvenpunkt finden, indem man den von S durch P und p harmonisch getrennten Punkt S_1 zeichnet$^{(33_1)}$. Auf Grund dieser Bemerkung sind die folgenden Aufgaben zu lösen, in denen ein Punkt und seine Polare durch (Pp) oder (Qq) und ein Polardreieck$^{(33_4)}$ durch (PQR) angedeutet ist.

Zur Übung (20₃):

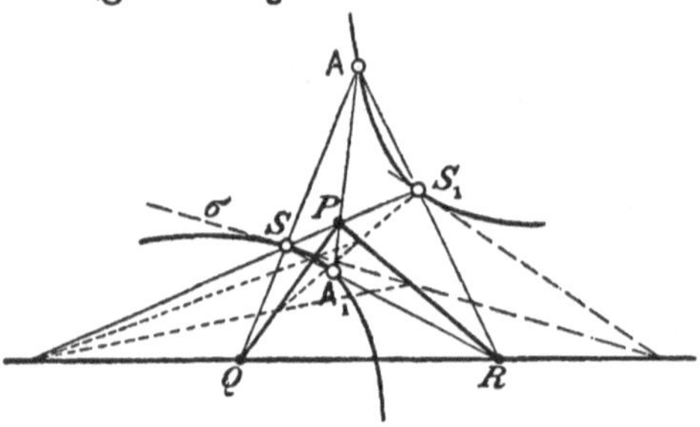

Fig. 33.

$S\sigma(PQR)$ (Fig. 33);
$SAB(Pp)$;
$SA\sigma(Pp)$;
$S\sigma a(Pp)$;
$\sigma a\beta(Pp)$;
$S(Pp)(Qq)$;
$\sigma(Pp)(Qq)$;
$SA(PQR)$;
$\sigma a(PQR)$;

36. Mittelpunkt der Kurve (E 115). 1. Der Pol O der uneigentlichen Gerade (8₁) o heißt der Mittelpunkt der Kurve. Aus folgendem Grunde: Schneidet die Gerade, welche O mit dem beliebigen Kurvenpunkte S verbindet, die Kurve zum zweitenmale in S_1, so ist O von seiner Polare o durch S und S_1 harmonisch getrennt (33₁), O also (8₄) die Mitte von SS_1.

2. Definition. Die Polare eines uneigentlichen Punktes heißt ein Durchmesser der Kurve, weil sie durch den Mittelpunkt geht (34₂). —

3. Lehrsatz. Jeder Durchmesser, der die Kurve schneidet, wird im Mittelpunkt halbiert (8₄).

4. Ist SS_1 eine beliebige Sehne der Kurve und P_∞ ihr uneigentlicher Punkt, so geht die Polare von P_∞ 1. weil P_∞ in der uneigentlichen Gerade liegt, durch den Mittelpunkt der Kurve (34₂); 2. durch den von P_∞ durch S und S_1 harmonisch getrennten Punkt (33₁), also durch die Mitte der Sehne SS_1 (8₄); 3. durch den Schnittpunkt der Tangenten in S und S_1 (33₂):

Lehrsatz. Der Schnittpunkt zweier Tangenten, die Mitte ihrer Berührungssehne und der Mittelpunkt der Kurve liegen in einer Gerade.

37. Konjugierte Durchmesser (E 114; 116).

1. Erklärung. Zwei Durchmesser heißen konjugiert, wenn der eine durch den Pol des andern geht (vgl. 34_4).

2. Erklärung. Zwei Richtungen heißen konjugiert, wenn sie zwei konjugierten Durchmessern parallel sind.

Für den besonderen Fall, daß P ein uneigentlicher Punkt ist, ergibt sich aus Nr. 33:

3. Die Mitten paralleler Sehnen liegen in dem der Sehnenrichtung konjugierten Durchmesser (33₁).

4. Die Tangenten in den Endpunkten eines Durchmessers haben eine zum Durchmesser konjugierte Richtung (33₅).

5. Die Gerade, welche die Berührungspunkte zweier parallelen Tangenten verbindet, ist der der Tangentenrichtung konjugierte Durchmesser[33_5].

6. Zwei konjugierte Durchmesser, die aufeinander senkrecht stehen, heißen Achsen.

Also:

7. Ist für eine Kurve eine Achse gegeben, so ist auch ihr Pol bekannt.

8. Ein Durchmesser, der auf der Tangente seines Endpunktes senkrecht steht, ist eine Achse.

9. In einem Kreise stehen je zwei konjugierte Durchmesser aufeinander senkrecht;

denn der Radius, welcher die beliebige Sehne SS_1 halbiert, ist die Polare des uneigentlichen Punktes von SS_1 und steht nach einem planimetrischen Satze senkrecht auf der Sehne.

10. Eine Kurve ist ein Kreis, wenn je zwei konjugierte Durchmesser aufeinander senkrecht stehen.

Beweis. Die Polare p des uneigentlichen Punktes P_∞ der beliebigen Sehne SS_1 geht durch die Mitte der Sehne[33_1] und ist der dem Durchmesser OP_∞ konjugierte Durchmesser. Nach der Voraussetzung steht daher p senkrecht auf OP_∞ und daher auch senkrecht auf SS_1, so daß O, als Punkt des Mittellotes, gleichweit von S und S_1 entfernt ist. —

11. Der eigentliche Diagonalpunkt jedes einer Kurve eingeschriebenen Parallelogramms ist der Kurvenmittelpunkt[33_4]. —

Weil die beiden eigentlichen Diagonallinien eines (als Viereck aufgefaßten) eingeschriebenen Parallelogramms einander konjugierte Durchmesser sind[34_5], so ergibt sich:

12. Zwei anstoßende Seiten eines eingeschriebenen Parallelogramms haben konjugierte Richtungen; oder: Zwei Seiten eines Kurvendreiecks, dessen dritte Seite ein Durchmesser ist, haben konjugierte Richtungen.

Für einen Kreis würden also diese beiden Seiten aufeinander senkrecht stehen[37_9], so daß der Satz eine Verallgemeinerung des aus der Planimetrie bekannten ist: Der Peripheriewinkel über dem Durchmesser ist ein Rechter.

13. Die Diagonalen jedes (als Vierseit aufgefaßten) umgeschriebenen Parallelogramms sind konjugierte Durchmesser[34_5]. Jedes einem Kreise umgeschriebene Parallelogramm ist also ein Rhombus.

38. **Aufgaben über den Mittelpunkt.** Ist uns für eine Kurve der Mittelpunkt O gegeben, so kennen wir, mit andern Worten[36_1], einen Punkt und seine Polare; sind uns zwei konjugierte Durchmesser d und e

gegeben, so kennen wir ein Poldreieck. Als besondere Fälle der Aufgaben in Nr. 35 ergeben sich daher:

$S\sigma(de)$; $SS_1\mathsf{A}\,O$; $SS_1\sigma O$; $S\sigma\sigma_1 O$; $\sigma\sigma_1 a O$; $S(Pp)O$; $\sigma(Pp)O$; $SS_1(de)$; $\sigma\sigma_1(de)$.

39. Gleichung der Ellipse und der Hyperbel (E 126). 1. Da durch jeden Punkt einer Tangente noch eine zweite geht[27_3], so gibt es zu jeder Tangente eine parallele Tangente. Wir können daher jede Kurve als gegeben ansehen durch $SS_1\mathsf{A}$ und einen uneigentlichen Schnittpunkt T_∞ der Tangenten in S und S_1. Um in diesem besondern Fall einen neuen Kurvenpunkt Δ zu zeichnen, haben wir[23] durch T_∞ eine beliebige Gerade, d. h. eine Parallele zur Tangente ST_∞ zu ziehen (Fig. 34 und 36) und die Punkte D und D_1, in denen sie von den Sehnen $\mathsf{A}S_1$ und $\mathsf{A}S$ geschnitten wird, aus S und S_1 zu projizieren. — Für die weiteren Betrachtungen unterscheiden wir die beiden Fälle, daß S_1 ein eigentlicher oder ein uneigentlicher Punkt ist; im ersten Fall ist die Kurve eine Ellipse oder Hyperbel, im zweiten eine Parabel[31_1]. —

Ellipse und Hyperbel (E 125).

2. Wir verbinden (Fig. 34) die Mitte O von SS_1 mit T_∞ und bezeichnen die Schnittpunkte von OT_∞ und den Sehnen $\mathsf{A}S$, $\mathsf{A}S_1$, ΔS, ΔS_1 durch B_1BEE_1 und den Schnittpunkt von ΔT_∞ und SS_1 durch Q. Es ist dann

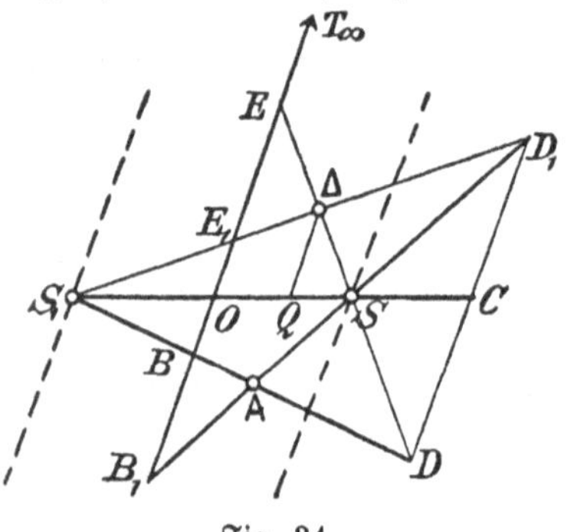

Fig. 34.

$$\frac{OE}{OB_1}=\frac{CD}{CD_1}=\frac{OB}{OE_1};$$

folglich $OE\cdot OE_1 = OB\cdot OB_1$.

Ferner

$$\frac{Q\Delta}{OE}=\frac{SQ}{SO} \text{ und } \frac{Q\Delta}{OE_1}=\frac{S_1Q}{S_1O};$$

folglich

$$\frac{Q\Delta^2}{OE\cdot OE_1}=\frac{(SO+OQ)(-SO+OQ)}{-OS^2}=1-\frac{OQ^2}{OS^2}. \text{ —}$$

Beziehen wir jetzt den beliebigen Kurvenpunkt Δ auf ein aus OS und OT_∞ gebildetes Achsenpaar, so ist OQ die Abszisse x und $Q\Delta$ die Ordinate y; es ist daher die Gleichung der Kurve

$$\frac{x^2}{OS^2}+\frac{y^2}{OB\cdot OB_1}=1. \text{ —}$$

3. Zusatz. Schneiden die Seiten $\mathsf{A}S$ und $\mathsf{A}S_1$ des Kurvendreiecks $\mathsf{A}SS_1$ (Fig. 35) die Tangenten der Gegenecken S_1 und S in K_1 und

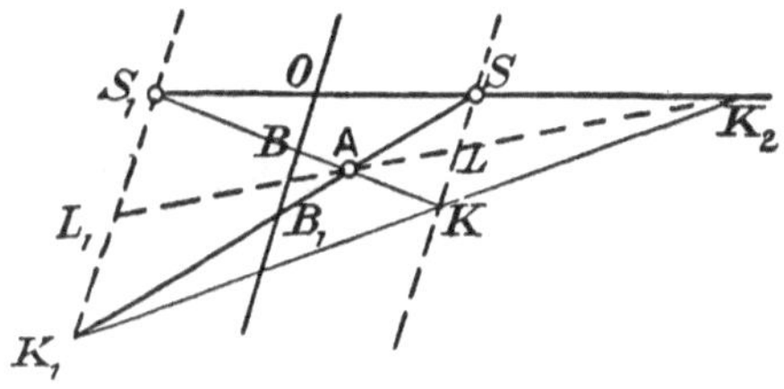

Fig. 35.

K und schneidet KK_1 die Seite SS_1 in K_2, so ist $\mathsf{A}K_2$ die Tangente von A[(25_3)]. Da diese Tangente die eigentlichen Diagonalpunkte des Trapezes SKK_1S_1 verbindet, halbiert sie die Grundlinien in L und L_1[(8_5)]. Es ist daher

$$OB \cdot OB_1 = \tfrac{1}{4}\, SK \cdot SK_1 = SL \cdot S_1L_1 .$$

Die Kurvengleichung läßt sich daher auch schreiben

$$\frac{x^2}{OS^2} + \frac{y^2}{SL \cdot S_1L_1} = 1 . \; -$$

Bezeichnen wir die Punkte, in denen die Tangente des beweglichen Kurvenpunktes Δ (Fig. 34) die festen Tangenten von S und S_1 schneidet, durch N und N_1, so läßt sich in derselben Weise zeigen

$$OE \cdot OE_1 = SN \cdot S_1N_1 \text{; folglich } SN \cdot S_1N_1 = SL \cdot S_1L_1 :$$

Lehrsatz. Eine bewegliche Tangente schneidet auf zwei parallelen festen Tangenten Längen ab, deren Produkt konstant ist.

4. Wenn die Kurve eine Hyperbel ist, d. h.[(31_1)] wenn die uneigentliche Gerade die Kurve schneidet, so sind die Schnittpunkte die Pole ihrer Tangenten[(33_6)]; diese gehen daher durch den Mittelpunkt[(34_2)]. Eine Kurve ist demnach eine Hyperbel oder Ellipse, je nachdem durch den Mittelpunkt zwei Tangenten gehen oder nicht. Es läßt sich nun zeigen, daß die durch $SS_1\mathsf{A}$ und T_∞ gegebene Kurve eine Ellipse oder Hyperbel ist, je nachdem A innerhalb oder außerhalb der Parallelen s und s_1 liegt.

I. A liegt innerhalb der parallelen Tangenten s und s_1.

Die Figur 35 zeigt, daß in diesem Fall die Strecken SK und S_1K_1 und folglich auch SL und S_1L_1 gleichen Sinn haben. Die Tangenten $LL_1 = a$ schneiden also den Durchmesser SS_1 in Punkten, die außerhalb der Strecke SS_1 liegen. Es geht daher keine Tangente durch den Mittelpunkt O, die Kurve ist also eine Ellipse. Weil in diesem Fall $SL \cdot S_1L_1 = +b^2$ ist, so ist die auf zwei konjugierte Durchmesser als Achsen bezogene Gleichung der Ellipse, wenn wir noch $OS = a$ setzen,

$$\frac{x^2}{a^2} + \frac{y^2}{b^2} = 1 .$$

II. A liegt außerhalb der parallelen Tangenten s und s_1.

In diesem Fall haben die Strecken SL und S_1L_1 ungleichen Sinn; die Tangenten LL_1 schneiden also den Durchmesser in Punkten der Strecke SS_1. Für $SL = -S_1L_1 = +b$ und $SL = -S_1L_1 = -b$ gehen die Tangenten LL_1 durch den Mittelpunkt O. Die auf zwei konjugierte Durchmesser als Achsen bezogene Gleichung der Hyperbel ist daher

$$\frac{x^2}{a^2} - \frac{y^2}{b^2} = 1 .$$

40. Gleichung der Parabel (E 130). Bezeichnen wir die Schnittpunkte von ΔT_∞ und $A\,T_\infty$ mit SS_1 durch Q und Q_1 (Fig. 36), so ist

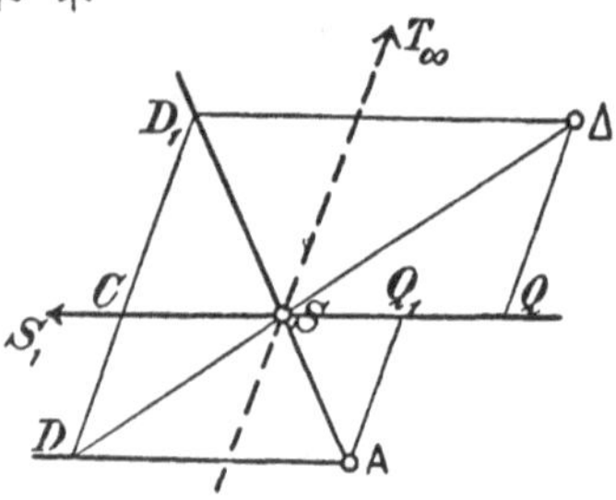

Fig. 36.

$$\frac{Q\Delta}{Q_1 A} = \frac{Q\Delta}{CD} = \frac{SQ}{SC}$$

und

$$\frac{Q\Delta}{Q_1 A} = \frac{CD_1}{Q_1 A} = \frac{SC}{SQ_1};$$

folglich

$$\frac{Q\Delta^2}{Q_1 A^2} = \frac{SQ}{SQ_1} \quad \text{oder} \quad \frac{Q\Delta^2}{SQ} = \frac{Q_1 A^2}{SQ_1}. \text{ —}$$

Beziehen wir jetzt den beliebigen Parabelpunkt Δ auf ein aus SS_1 und ST_∞ gebildetes Achsenpaar, so ist SQ die Abszisse x und $Q\Delta$ die Ordinate y; es ist daher die Gleichung der Parabel

$$\frac{y^2}{x} = \frac{Q_1 A^2}{SQ_1}. \text{ —}$$

§ 5. Ortsaufgaben.

1. Haben wir in den Trägern s und s_1 zwei projektive Punktreihen $ABCDE.. \overline{\wedge} A_1 B_1 C_1 D_1 E_1 ..$ und bezeichnen die uneigentlichen Punkte von s und s_1 durch G und F_1 und die ihnen homologen Punkte, die sogenannten **Fluchtpunkte**, entsprechend durch G_1 und F, so ist $^{(15_4)}$

$$\underline{(ADFG) = (A_1 D_1 F_1 G_1)}$$

$$\underline{FA : FD = G_1 D_1 : G_1 A_1} \;^{(15_{10})}$$

$$FD \cdot G_1 D_1 = FA \cdot G_1 A_1$$

Lehrsatz. Je zwei homologe Punkte haben von ihren Fluchtpunkten Entfernungen, deren Produkt konstant ist.

2. Ist dem uneigentlichen Punkte G von s der uneigentliche Punkt F_1 von s_1 homolog, so ist $^{(15_4)}$

$$\underline{(ACBG) = (A_1 C_1 B_1 F_1)} \qquad \underline{(BDCG) = (B_1 D_1 C_1 F_1)}$$

$$\underline{BA : BC = B_1 A_1 : B_1 C_1} \qquad \underline{CB : CD = C_1 B_1 : C_1 D_1}$$

$$\frac{A_1 B_1}{AB} = \frac{B_1 C_1}{BC} = \frac{C_1 D_1}{CD}$$

Lehrsatz. Sind die Fluchtpunkte zweier projektiven Punktreihen die uneigentlichen Punkte, so ist das einfache Verhältnis zweier homologen Strecken konstant.

3. Lehrsatz. Sind zwei bewegliche Punkte D und D_1 mit zwei festen Punkten A und B_1 durch die Gleichung verknüpft

$$\frac{p}{AD} + \frac{q}{B_1 D_1} = 1,$$

so sind D und D_1 homologe Punkte zweier projektiven Punktreihen (mit eigentlichen Fluchtpunkten).

Beweis. Wir bestimmen zwei Punkte F und G_1 so, daß $AF = p$ und $B_1 G_1 = q$ ist. Aus

$$\frac{p}{AF + FD} + \frac{q}{B_1 G_1 + G_1 D_1} = 1 \text{ wird dann}$$

$$\frac{p}{p + FD} + \frac{q}{q + G_1 D_1} = 1 \text{ und daraus}$$

$$FD \cdot G_1 D_1 = pq.$$

4. Lehrsatz. Sind zwei bewegliche Punkte D und D_1 mit zwei festen Punkten A und B_1 durch die Gleichung verknüpft

$$\alpha \cdot AD + \beta \cdot B_1 D_1 = c,$$

so sind D und D_1 homologe Punkte zweier projektiven Punktreihen (mit uneigentlichen Fluchtpunkten).

Beweis. Sind C und C_1 irgend zwei feste Punkte, für welche unsere Gleichung gilt, so daß ist

$$\alpha \cdot AC + \beta \cdot B_1 C_1 = c,$$

so ergibt sich aus

$$\alpha(AC + CD) + \beta(B_1 C_1 + C_1 D_1) = c, \quad \text{daß} \quad \alpha \cdot CD + \beta \cdot C_1 D_1 = 0$$

oder

$$\frac{C_1 D_1}{CD} = -\frac{\alpha}{\beta} \quad \text{ist.}$$

Anmerkung. Alle Glieder einer Gleichung müssen in der Dimension übereinstimmen. Die Schüler müssen sich daher, um Rechenfehler zu vermeiden, daran gewöhnen, in jeder Gleichung die Dimensionen zu prüfen. — In den vorstehenden Gleichungen haben p, q, c wie jede durch zwei große Buchstaben bezeichnete Strecke die Dimension 1, α und β haben die Dimension 0.

5. Aufgabe. Um die Mitte M der Hypotenuse AB des gleichschenklig-rechtwinkligen Dreiecks OAB dreht sich ein rechter Winkel, dessen Schenkel die Katheten OA und OB in D und E schneiden. Gesucht wird der Ort für den Schnittpunkt Δ der in D auf OA und in E auf OB errichteten Lote.

I. **Rein-geometrische Lösung.** Fest sind die Punkte $OABM$, beweglich DE. Wählen wir die uneigentlichen Punkte R_∞ und Q_∞ von OB und OA als Strahlenmittelpunkte, so haben wir die Kette

$$R_\infty(D) \overline{\overline{\wedge}} D \overline{\overline{\wedge}} M(D) \overline{\wedge} M(E)^{(15_9)} \overline{\overline{\wedge}} E \overline{\overline{\wedge}} Q_\infty(E).$$

Der Schnittpunkt Δ von $R_\infty(D)$ und $Q_\infty(E)$ liegt also auf einer Kurve zweiter Ordnung[18_1], die durch Q_∞ und R_∞ geht. — Fällt D in Q_∞, so fällt E in R_∞; wir haben daher

$$R_\infty(Q_\infty \overline{\overline{\wedge}}\, Q_\infty \overline{\overline{\wedge}}\, M(Q_\infty) \overline{\wedge}\, M(R_\infty) \overline{\overline{\wedge}}\, R_\infty \overline{\overline{\wedge}}\, Q_\infty(R_\infty).$$

Die Verbindungslinie der Strahlenmittelpunkte ist also sich selbst homolog; die Kurve zerfällt mithin in zwei Geraden[18_2]; die eine dieser beiden Geraden ist die uneigentliche Gerade $Q_\infty R_\infty$. Fällt D in $O[A]$, so fällt E in $B[O]$; wir haben daher

$$R_\infty(O) \overline{\overline{\wedge}}\, O \overline{\overline{\wedge}}\, M(O) \overline{\wedge}\, M(B) \overline{\overline{\wedge}}\, B \overline{\overline{\wedge}}\, Q_\infty(B);$$
$$R_\infty(A) \overline{\overline{\wedge}}\, A \overline{\overline{\wedge}}\, M(A) \overline{\wedge}\, M(O) \overline{\overline{\wedge}}\, O \overline{\overline{\wedge}}\, Q_\infty(O).$$

Der Schnittpunkt der homologen Strahlen $R_\infty(O)$ und $Q_\infty(B)$ [$R_\infty(A)$ und $Q_\infty(O)$] ist $B[A]$. Der Ort für den Punkt Δ ist daher die Gerade AB.

II. **Projektiv-geometrische Lösung.** Weil die Gerade, die sich als Ort für den Punkt Δ ergeben hat, auf den Achsen OQ_∞ und OR_∞ die Strecken $OA = a$ und $OB = a$ abschneidet, so ist ihre Gleichung

$$\frac{x}{a} + \frac{y}{a} = 1.$$

III. **Analytisch-geometrische Lösung.** Wir haben für das aus OA und OB bestehende Achsenpaar die Koordinaten

$$[O: 0; 0 \qquad A: a; 0 \qquad B: 0; a \qquad M: \tfrac{1}{2}a; \tfrac{1}{2}a \qquad D: x_1; 0$$
$$E: 0; y_2.$$

Es sind die Richtungsverhältnisse für

$$M(D): \frac{\frac{1}{2}a}{\frac{1}{2}a - x_1} \qquad M(E): \frac{\frac{1}{2}a - y_2}{\frac{1}{2}a}.$$

Weil $M(E)$ auf $M(D)$ senkrecht steht, ist

$$\left[\frac{a}{a - 2x_1} = -\frac{a}{a - 2y_2}; \text{ folglich } y_2 = a - x_1.\right]$$

Die Lote $R_\infty(D)$ und $Q_\infty(E)$ haben die Gleichungen $x = x_1$; $y = y_2 = a - x_1$. Durch Elimination der Hilfsgröße x_1 erhalten wir für unsern Ort die Gleichung $x + y = a$.

6. Aufgabe. In dem einen Endpunkt E des auf der Achse senkrecht stehenden Brennstrahls einer Parabel ist die Tangente gezogen; auf dieser bewegt sich der Punkt D. Gesucht wird der Ort für den Schnittpunkt Δ des Brennstrahls $F(D)$ und der Polare von D.

I. **Rein-geometrische Lösung.** Fest sind die Punkte F, E, der uneigentlichen Punkte W der Parabel und der Schnittpunkt H der Parabelachse FW und der Tangente in E; beweglich ist der Punkt D (Fig. 37). — Weil D sich in HE bewegt, gehen die Polaren von D durch den Pol von HE[34_2], das ist durch den Punkt E[33_6]. Wir haben daher die Kette

$$F(\Delta) \overline{\overline{\wedge}}\, D \overline{\wedge}\, E(\Delta)$$ [34_3].

Der Ort ist also eine Kurve zweiter Ordnung $^{(18_1)}$, die durch F und E geht $^{(22_1)}$.

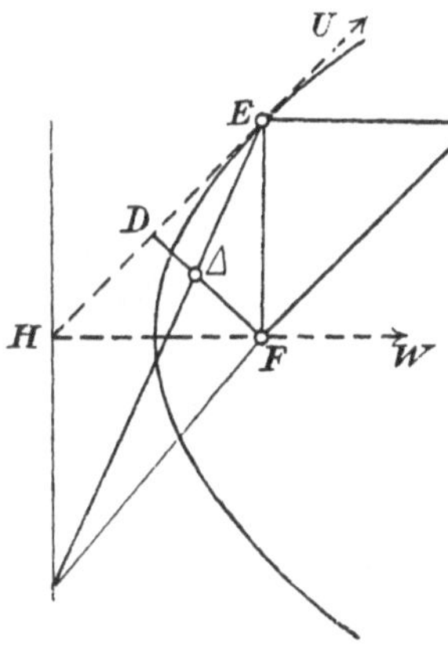

Fig. 37.

Wir suchen die Strahlen, welche der Verbindungslinie der Strahlenmittelpunkte F und E homolog sind. Wenn D in $H[E]$ fällt, so ist die Polare $E(F)\,[E(H)]$. Wir haben daher die Ketten

$$\xrightarrow{\quad} \quad F(E) \,\overline{\overline{\wedge}}\, E \,\overline{\wedge}\, E(H)$$

$$F(H) \,\overline{\overline{\wedge}}\, H \,\overline{\wedge}\, E(F) \quad \xleftarrow{\quad}$$

Die Kurve berührt also HE und HF in E und $F^{(22_1)}$.

Das letzte, das fünfte Stück erhalten wir, wenn wir D in den uneigentlichen Punkt U von HE fallen lassen; die Polare ist dann $E(W)^{(33_5)}$:

$$F(U) \,\overline{\overline{\wedge}}\, U \,\overline{\wedge}\, E(W).$$

Der Schnittpunkt E von $F(U)$ und $E(W)$ ist also ein Punkt des Ortes, so daß wir unsere Kurve zeichnen können aus FEE und $H^{(23)}$.

II. **Projektiv-geometrische Lösung.** Die Polare von $U[W]$ für die neue Kurve geht durch $E[F]^{(33_6)}$ und die Mitte von FE $[E$E$]^{(33_1)}$; die Polaren von U und W sind daher Mittellinien des Dreiecks FEE (Fig. 38); der Schwerpunkt O dieses Dreiecks daher der Mittelpunkt der Kurve $^{(36_1)}$. — Weil OE auf FE und daher auch auf OU senkrecht steht, so sind OU und OE die Achsen der Kurve $^{(37_6)}$. Die Achse OE schneidet die Kurve noch in einem zweiten Punkt E_1, für welchen $OE_1 = -OE$ ist $^{(36_8)}$; $E_1 U$ ist die Tangente in $E_1^{(37_4)}$. — Auf den parallelen Tangenten in E und E_1 werden durch die Tangente in F die Längen EH und E_1H_1 abgeschnitten. Die Gleichung der Kurve ist daher $^{(39_3)}$, wenn wir OU und OE als Achsenpaare wählen,

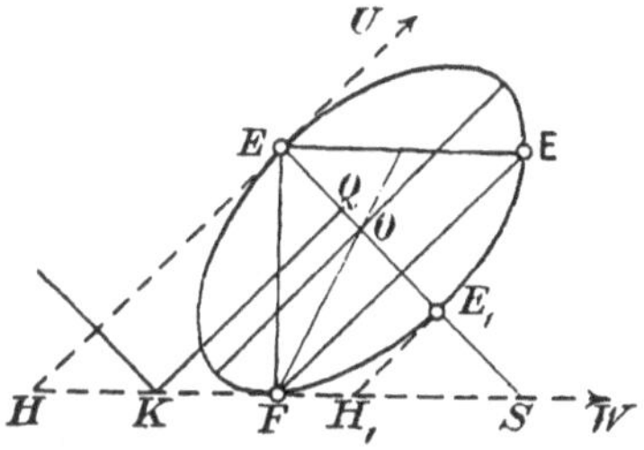

Fig. 38.

$$\frac{x^2}{EH \cdot E_1H_1} + \frac{y^2}{OE^2} = 1$$

und wenn wir die Gerade, welche U mit dem Parabelscheitel K verbindet, als Abszissenachse und das in K auf KU errichtete Lot als Ordinatenachse wählen,

$$\frac{(x - KQ)^2}{EH \cdot E_1H_1} + \frac{(y - QO)^2}{OE^2} = 1.$$

Weil $HF = FE = FS = p$ und $EH = EF = ES = p\sqrt{2}$ tst, ergibt sich

$$OE = \tfrac{1}{8}p\sqrt{2};\ KQ = \tfrac{3}{4}p\sqrt{2};\ QO = -\tfrac{1}{12}p\sqrt{2};\ E_1H_1 = \tfrac{1}{8}p\sqrt{2}$$

und damit die Gleichung

$$\frac{(x - \frac{3}{4}p\sqrt{2})^2}{\frac{2}{8}p^2} + \frac{(y + \frac{1}{12}p\sqrt{2})^2}{(\frac{\sqrt{2}}{8}p)^2} = 1\,.$$

III. **Analytisch-geometrische Lösung.** Für ein aus Parabelachse und Scheiteltangente bestehendes Achsenpaar haben wir die Koordinaten (Fig. 37)

$K: 0; 0$ $F: \frac{1}{2}p; 0$ $E: \frac{1}{2}p; p$ $D: x_1; x_1 + \frac{1}{2}p$; folglich

$$F(D): \frac{y}{x - \frac{1}{2}p} = \frac{x_1 + \frac{1}{2}p}{x_1 - \frac{1}{2}p} \qquad E(\Delta): (x_1 + \tfrac{1}{2}p)\,y = p(x + x_1).$$

Durch Elimination der Hilfsgröße x_1 erhalten wir

$$x^2 + y^2 - xy - px - \tfrac{1}{2}py + \tfrac{1}{4}p^2 = 0\,. -$$

Nach einer Drehung unserer Koordinatenachsen um $\pi : 4$ erhalten wir ein neues Achsenpaar, dessen Koordinaten ξ und η mit denen des alten zusammenhängen durch die Gleichungen

$$x = \tfrac{1}{2}\sqrt{2}\,(\xi - \eta) \qquad y = \tfrac{1}{2}\sqrt{2}\,(\xi + \eta).$$

Durch Einsetzung dieser Werte ergibt sich die auf das neue Achsenpaar bezogene Gleichung unserer Kurve

$$\frac{(\xi - \frac{3}{4}p\sqrt{2})^2}{\frac{2}{8}p^2} + \frac{(\eta + \frac{1}{12}p\sqrt{2})^2}{\frac{2}{9}p^2} = 1\,.$$

7. Eine Gerade, welche sich parallel zur Seite OA des Dreiecks OAB bewegt, schneidet die Seiten AB und OB in D und E. Schnittpunkt der Projektionsstrahlen $A(E)$ und $O(D)$.

[Koordinatenachsen $OA = a$; $OB = b$] $\qquad \dfrac{2x}{a} + \dfrac{y}{b} = 1\,.$

8. Auf der Scheiteltangente einer Parabel bewegt sich ein Punkt D; auf seine Polare wird aus dem Brennpunkt F das Lot gefällt. Schnittpunkt dieses Lotes und der durch D zur Parabelachse gezogenen Parallele.

[Achse und Scheiteltangente der Parabel] $\qquad y(x + \frac{1}{2}p) = 0.$

9. Um den Mittelpunkt eines Kreises dreht sich ein rechter Winkel, dessen Schenkel zwei parallele Kreistangenten in D und D_1 schneiden. Schnittpunkt der Polaren von D und D_1.

[Die Berührungssehne der parallelen Tangenten und ihr Mittellot]

$$x^2 + y^2 = r^2.$$

10. A_1A und B_1B sind zwei aufeinander senkrecht stehende Kreisdurchmesser. Um B dreht sich ein rechter Winkel, dessen Schenkel die

Tangenten von A und A_1 in E und E_1 schneiden. Schnittpunkt der Kreispolaren von E und E_1.

$$[A_1A;\ B_1B] \qquad x^2 = -2r(y - \tfrac{1}{2}r).$$

11. In den Endpunkten O und A sind auf dem Halbmesser OA die Lote errichtet; auf diesen bewegen sich zwei Punkte E und E_1, für welche $OE \cdot AE_1 = 4r^2$ ist. Schnittpunkt der Kreispolaren von E und E_1.

$$[OA = r \text{ und Lot in } O] \qquad y^2 = -\tfrac{1}{4}r(x - r).$$

12. Um die Mitte O der Strecke $A_1A = 2a$ dreht sich ein rechter Winkel, dessen Schenkel die in A_1 und A auf A_1A errichteten Lote in E_1 und E schneiden. Schnittpunkt des Projektionsstrahls $A_1(E)$ und der durch E_1 zu A_1A gezogenen Parallele.

$$[A_1A \text{ und Mittellot}] \qquad y^2 = \tfrac{1}{2}a(x + a).$$

13. Auf der Höhe OB des gleichschenklig-rechtwinkligen Dreiecks A_1AB bewegen sich zwei Punkte E und E_1 so, daß B immer die Mitte von EE_1 ist. Schnittpunkt von $A(E)$ und $A_1(E_1)$.

$$[OA = a;\ OB = a] \qquad x^2 = -a(y - a).$$

14. In O ist auf der Strecke OA das Lot errichtet. Auf diesem Lot bewegen sich zwei Punkte E und E_1, für welche $OE \cdot OE_1 = d^2$ ist. Schnittpunkt des Projektionsstrahls $A(E)$ und der durch E_1 zu OA gezogenen Parallele.

$$[AO = a \text{ und Lot in } O] \qquad y^2 = -\frac{d^2}{a}(x - a).$$

15. In dem Endpunkt A der Strecke $OA = a$ ist das Lot errichtet, das von den Schenkeln eines rechten Winkels, der sich um den andern Endpunkt O dreht, in E und E_1 geschnitten wird. Schnittpunkt des Strahls, durch den E aus der Mitte M von OA projiziert wird, und der durch E_1 zu OA gezogenen Parallele.

$$[OA \text{ und Lot in } O] \qquad y^2 = -2a(x - \tfrac{1}{2}a).$$

16. In dem rechtwinklig-gleichschenkligen Dreieck OAB ist zur Hypotenuse AB eine Parallele gezogen, welche die Kathete OA in D und ihre Mittellinie BM in E schneidet. Schnittpunkt des Strahls $B(D)$ und der durch E zu OA gezogenen Parallele.

$$[OA = a;\ OB = a] \qquad y^2 = -2a(x - \tfrac{1}{2}a).$$

17. Um die Ecke O des Rechtecks $OACB$ dreht sich ein rechter Winkel, dessen Schenkel die Seiten AC und BC in D und E schneiden. Schnittpunkt des Projektionsstrahls $A(E)$ und der durch D zu OA gezogenen Parallele.

$$[OA = a;\ OB = b] \qquad \left(y + \frac{a^2}{2b}\right)^2 = -a\left(x - \frac{a(a^2 + 4b^2)}{4b^2}\right)$$

18. Um die Mitte O der Hypotenuse B_2B_1 eines gleichschenklig-rechtwinkligen Dreiecks B_1B_2A dreht sich ein rechter Winkel, dessen

Schenkel die Katheten AB_1 und AB_2 in D_1 und D_2 schneiden. Schnittpunkt von $B_1(D_2)$ und $B_2(D_1)$.

$$[OA = a;\ OB_1 = a] \qquad \frac{(x + \frac{1}{3}a)^2}{(\frac{2}{3}a)^2} + \frac{y^2}{\frac{4}{3}a^2} = 1.$$

19. Um den Brennpunkt F einer Parabel dreht sich ein rechter Winkel, dessen Schenkel die Scheiteltangente und die uneigentliche Gerade in E und U schneiden. Schnittpunkt der Polaren von E und U.

[Achse und Scheiteltangente der Parabel] $y^2 = 2px.$

20. In dem Endpunkt E_1 der auf der Parabelachse senkrecht stehenden Brennpunktssehne ist die Tangente gezogen; in dieser Tangente bewegen sich zwei Punkte D und D_1 so, daß $E_1D_1 : E_1D = 2$ ist. Schnittpunkt des Durchmessers von D_1 und der Polare von D.

[Achse und Scheiteltangente der Parabel] $y^2 = 2px.$

21. Auf der Tangente im Scheitel K einer Parabel bewegen sich zwei Punkte E und E_1, für welche $KE + KE_1 = a$ ist. Schnittpunkt der Polare von E und des Durchmessers von E_1.

[Achse und Schnittpunkte] $(y - \frac{1}{2}a)^2 = -p\left(x - \frac{a^2}{4p}\right).$

22. Um den Brennpunkt F einer Parabel dreht sich ein rechter Winkel, dessen Schenkel die Tangenten in den Endpunkten E_1 und E_2 der auf der Achse senkrecht stehenden Brennpunktssehne in D_1 und D_2 schneiden. Schnittpunkt der Polare von D_1 und des Durchmessers von D_2.

[Achse und Scheiteltangete] $y^2 = p(x + \frac{1}{2}p).$

23. Um den Brennpunkt F dreht sich ein Strahl. Schnittpunkt dieses Strahls und der Polare seines uneigentlichen Punktes.

[Achse und Scheiteltangente] $y^2 = p(x - \frac{1}{2}p).$

24. Auf der Gerade, welche im Brennpunkt F auf der Achse einer Parabel senkrecht steht, bewegt sich ein Punkt E, und auf der Richtlinie, welche die Achse in H schneide, bewegt sich ein Punkt E_1. Schnittpunkt der Polare von E und des durch E_1 gehenden Parabeldurchmessers, wenn $HE_1 : FE = \varepsilon$ ist.

[Achse und Scheiteltangente] $y^2 = \varepsilon p(x + \frac{1}{2}p).$

25. Auf der Scheiteltangente einer Parabel bewegen sich zwei Punkte E und E_1 so, daß der Scheitel immer die Mitte von EE_1 ist. Schnittpunkt des Durchmessers von E und der Polare von E_1.

[Achse und Scheiteltangente] $y^2 = -px.$

26. Um den Scheitel K einer Parabel dreht sich ein rechter Winkel. Der eine Schenkel schneidet die Parabel zum zweiten Male in P_1, der andere die Richtlinie in E. Schnittpunkt des Durchmessers von P_1 und der Polare von E.

[Achse und Scheiteltangente] $y^2 = 4p(x - \frac{1}{2}p).$

27. Um den Scheitel K einer Parabel dreht sich ein rechter Winkel, dessen Schenkel die Parabel zum zweiten Male in P_1 und P_2 schneiden. Die Tangente des Punktes P_1 schneidet die Scheiteltangente in D. Schnittpunkt des Brennstrahls $F(D)$ und des Durchmessers von P_2.

[Achse und Scheiteltangente] $y^2 = 4p(x - \frac{1}{2}p)$.

28. Um den Brennpunkt F einer Parabel dreht sich ein Strahl, der die in dem einen Endpunkt E der auf der Achse senkrecht stehenden Brennpunktssehne gezogene Tangente in D und die uneigentliche Gerade in U schneidet. Schnittpunkt der Polare von U und des Strahls, der D aus dem Parabelscheitel projiziert.

[Achse und Scheiteltangente] $(y + \frac{1}{2}p)^2 = 2p(x + \frac{1}{8}p)$.

29. Zur Hauptachse einer Ellipse ist eine bewegliche Parallele gezogen; der Pol dieser Parallele wird aus dem Hauptscheitel A projiziert. Schnittpunkt dieses Projektionsstrahls und der Parallele.

[Achsen der Ellipse] $y^2 = -\dfrac{b^2}{a}(x - a)$.

30. Um den in der Nebenachse einer Ellipse liegenden Punkt S dreht sich ein rechter Winkel, dessen Schenkel die Tangenten der Hauptscheitel A_1 und A in E_1 und E schneiden. Schnittpunkte der Polaren von E und E_1, wenn $OS = OA = a$ ist.

[Die Ellipsenachsen] $x^2 = -\dfrac{2a^3}{b^2}\left(y - \dfrac{b^2}{2a}\right)$

31. In dem Hauptscheitel A und dem Nebenscheitel B einer Ellipse sind die Tangenten gezogen, die von einem beweglichen Ellipsendurchmesser in D und E geschnitten werden. Schnittpunkt der durch D zur Hauptachse gezogenen Parallele und der Polare von E.

[Achsen der Ellipse] $(y - \frac{1}{2}b)^2 = -\dfrac{b^2}{a}(x - \frac{1}{4}a)$.

32. Eine bewegliche Hyperbeltangente schneidet die Tangenten der Hauptscheitel A_1 und A in den Punkten E_1 und E. Schnittpunkt der Brennstrahlen $F(E)$ und $G(E_1)$

[Achsen der Hyperbel] $(x^2 - e^2)\left[\dfrac{x^2}{e^2} - \dfrac{(e-a)^2 y^2}{(be)^2} - 1\right] = 0$.

durch unermüdliches Üben sicherer Besitz aller Schüler wird. Die Freude am Zeichnen, die eigentlich allen Schülern innewohnt, erleichtert hier wie überall in der Geometrie der Lage den Erfolg.

Aus den Konstruktionen der Geometrie der Lage fließen die Maßbeziehungen des folgenden Kapitels, die wiederum durch Anwendung eines einzigen Satzes[(79$_1$)] gewonnen werden. Man kann diesen Abschnitt in größerer oder geringerer Vollständigkeit entweder als Vorbereitung zur analytischen Geometrie oder auch als Bestandteil der analytischen Geometrie behandeln.

Das vierte Kapitel enthält die analytische Geometrie, deren Darstellung ebenfalls durch Projektionssätze, im besondern durch die Auffassung des Richtungskoeffizienten als eines Verhältnisses zweier Projektionen[(99)] beherrscht wird. Der letzte Paragraph lehrt die Zeichnung der Kegelschnitte mit Hilfe des Krümmungskreises.

Hinzugefügt sind 222 Ortsaufgaben, so daß das Buch nicht bloß als Lehr-, sondern auch als Übungsbuch dienen kann. Diese Aufgaben, die durch Betrachtungen der Geometrie der Lage in beliebiger Zahl gewonnen werden, eignen sich gleichzeitig für die analytische Lösung und haben den Vorzug, daß es zu ihrer Lösung keines Kunstgriffes bedarf. Erleichtert wird die analytische Lösung, wenn man zunächst aus der vorangeschickten rein-geometrischen Lösung durch die Sätze des vierten Kapitels über Maßbeziehungen die Gleichung ableitet. Es hat also jede Aufgabe eigentlich drei Lösungen: die rein-geometrische, die analytisch-geometrische und die diese beiden verknüpfende projektiv-geometrische Lösung. Als Beispiele für diese drei Lösungsarten (Nr. 107; 121; 128; 139; 140) sind verwickeltere Aufgaben gewählt, damit an ihnen möglichst viele Einzelheiten gezeigt werden konnten. Man wird auf die ersten Aufgaben, einerlei ob man mit den Aufgaben über die Gerade oder gleich mit den Aufgaben über die Parabel beginnt, viel Zeit verwenden, damit die Schüler die neuen Betrachtungen sich ganz zu eigen machen. Haben sie das getan, so gibt ihnen fast jede Aufgabe Anlaß zu selbständigen Bemerkungen und sehr bald begnügen sie sich nicht mehr mit dem Lösen der ihnen gestellten Aufgaben, sondern bilden selbständig neue. Ein ansehnlicher Teil der hier gebotenen Aufgaben stammt von meinen Schülern.

FSC
www.fsc.org
MIX
Papier | Fördert gute Waldnutzung
FSC® C083411

Zeitfracht Medien GmbH
Ferdinand-Jühlke-Straße 7
99095 Erfurt, Deutschland
produktsicherheit@kolibri360.de